U0193631

中国工匠
匠心木竹
丛书

中国木雕牛腿

徐华铛 编著

◎
北京工艺美术出版社
中国林业出版社

图书在版编目（CIP）数据

中国木雕牛腿 / 徐华铛编著． － 北京 ：北京工艺美术出版社，2017.12

（中国工匠 · 匠心木竹丛书）

ISBN 978-7-5140-1394-8

Ⅰ. ①中… Ⅱ. ①徐… Ⅲ. ①木雕－牛腿（结构构件）－建筑艺术－中国 Ⅳ．① TU-852

中国版本图书馆 CIP 数据核字（2017）第 240532 号

出 版 人 陈高潮
总 策 划 徐小英
策划编辑 沈登峰 李 伟 焦 明
设计总监 赵 芳
责任校对 梁翔云
责任印制 宋朝晖

出　　版 北京工艺美术出版社
　　　　 中国林业出版社
发　　行 北京美联京工图书有限公司
地　　址 北京市朝阳区化工路甲 18 号
　　　　 中国北京出版创意产业基地先导区
　　　　 （邮编：100124）
电　　话 （010）84255105（总编室）
　　　　 （010）64280045（发　行）
网　　址 www.gmcbs.cn
经　　销 全国新华书店
设计制作 北京捷艺轩彩印制版技术有限公司
印　　刷 北京世纪恒宇印刷有限公司
版　　次 2017 年 12 月第 1 版
印　　次 2017 年 12 月第 1 次
开　　本 889mm×1194mm 1/16
印　　张 17
印　　数 1 ～ 3000 册
字　　数 318 千字
照　　片 约 460 幅
定　　价 276.00 元

《中国木雕牛腿》
编审委员会

主任：楼宇烈

副主任：

徐华铛　黄小明　王水鑫
陈高潮　沈登峰

编委：（按姓氏笔画排序）

王水鑫　沈登峰　陈少锋
陈高潮　赵南兴　钟永生
徐小英　徐华铛　徐国梁
黄小明　焦　明　楼宇烈

《中国木雕牛腿》
编写组

编著：徐华铛

主要摄影：徐华铛

摄影及照片提供者：（按姓氏笔画排序）

马慧丽　文　彬　叶兆蓓　刘慎辉
李学文　李建乐　吴金明　吴建新
吴海英　何雪青　陈少锋　范　兵
钟永生　俞沛旺　徐　艳　徐建武
徐积锋　郭利群　崔　伟　傅立新

浙江诸暨郑氏宗祠

序：根植在古民居上的传统文化

楼宇烈

古民居上的木雕牛腿，是一个建筑构件，形状犹如上大下小的直角三角形，依附在古民居檐柱外向的上端，直接或间接地承载着屋檐的重量。我的老家在浙江嵊州，在许多上档次的民居建筑中往往就有牛腿。木雕牛腿既有承载屋檐重量的实用功能，又有美化民居建筑的装饰功能。这一件件用斧凿、雕刀刻画出来的木雕牛腿，内容丰富多彩，有历史典故，有戏曲故事，有祥禽瑞兽，有花鸟鱼虫，有山水风景，其间承载着人们的思想感情，蕴含着深深的寓意心愿，洋溢着浓郁的民俗风情。木雕牛腿的种种雕刻画面，有的庄重质朴，有的古雅精美，它们与民居建筑得体地结合在一起，美化了环境，美化了生活，成为中国传统文化的一件瑰宝。

灿若锦绣的江南宗祠牛腿

古民居上的木雕牛腿，其布局之工，结构之巧，装饰之美，营造之精，集中体现了中国传统文化的精粹，蕴含着一定的历史价值、科学价值和艺术价值。

古民居上的木雕牛腿，是民间的木雕工匠与文人雅士一起运思动手的结晶，更是在传统文化上“深入浅出”结合的典范。他们深入吸纳中国传统文化的精华，通过手中的雕刀平易地表达出来，达到完美的结合。没有“深入”，“浅出”便缺乏深度，浅薄粗陋，使木雕牛腿丧失应有的魅力和持久性；没有“浅出”，“深入”便很难惠及普通百姓，很难融入现实生活，不能吸引人。

古民居上的木雕牛腿，其布局之工，结构之巧，装饰之美，营造之精，集中体现了中国传统文化的精粹，蕴含着一定的历史价值、科学价值和艺术价值。尽管经历了百多年甚至数百年的风雨，浅淡的木质本色已黯化成古旧的棕黑色，然而，正是这样一种复杂、沉重的色调，给这些古民居增添了几分历史的沧桑感和浓浓的文化内蕴，成了旅游者观雕刻之艺术，发思古之幽情的好场所，亦成了收藏家争相收藏的新宠。如果说中国古民居是华夏民族文化的结晶，那么木雕牛腿就是这种文化结晶的精髓之一。因为这是中国历代木雕工匠与文人雅士一起，把中华文化镌刻根植到了传统古民居中。

本书作者徐华铛先生是我老家的一位文化学者，他从20世纪70年代开始致力于美术设计工作，边工作，边研究，边写作，至今已在国内十数家出版社编著出版了有关传统艺术类书籍100余种。他的刻苦精神是值得赞佩的。这本《中国木雕牛腿》便是个中的写照，他既写出了木雕牛腿的历史沿革和木雕牛腿的作用和类型，又写出了镌刻在木雕牛腿上的文化，愿读者细细品尝其中的滋味。是为序。

2017年9月

（楼宇烈，系北京大学哲学系暨国学研究院教授、博导，北京大学宗教研究院名誉院长）

卷首语：中国古民居的一双亮丽眼睛

走进中国传统的民居大院，宛如走进一段悠远的历史。

随着两扇厚重的木门吱吱嘎嘎地开启，面对我们的是粗柱大梁构筑起来的气势、隔扇门窗排列起来的古雅、牛腿雀替雕琢起来的灿烂。那附着在粗柱大梁上的阴阳线刻，那排列在隔扇门窗上的深浅浮雕，那雕琢在牛腿雀替上的传统文化，在朴素中显示华美，在粗犷中衬托细腻，使一幢幢古民居成了一座座艺术的殿堂。

在中国古民居的木雕构件中，最为诱人的是雕刻精美的牛腿。牛腿基本形状犹如上大下小的直角三角形，依附在古民居檐柱外向的上端，其上方直接或间接地承载着屋檐的重量。牛腿处于门檐梁柱间的最佳部位，最能呈现立体艺术的雕饰之美，其装饰效果大大超越了其构件功能而引人瞩目。因此，牛腿是古代木雕工匠施展才智和雕艺的好地方。一座古民居价值的高低往往可以从牛腿的雕刻精巧上反映出来。牛腿雕刻的题材丰富多彩，有历史典故、戏曲故事，还有祥禽瑞兽、花鸟鱼虫，更有

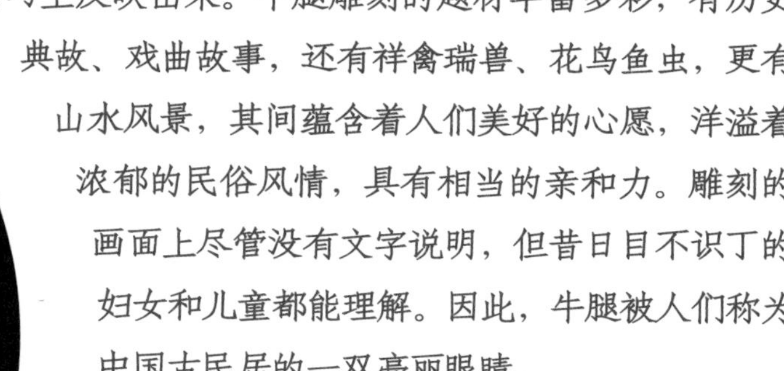

山水风景，其间蕴含着人们美好的心愿，洋溢着浓郁的民俗风情，具有相当的亲和力。雕刻的画面上尽管没有文字说明，但昔日目不识丁的妇女和儿童都能理解。因此，牛腿被人们称为中国古民居的一双亮丽眼睛。

大门后的民居　浙江东阳北后周村

浙江东阳清华堂

值得一提的是，有些古民居上的木雕牛腿不涂彩漆，只髹以桐油，显示出天然的纹理和自然美，俗称“清水雕”。因此，中国古民居上的木雕牛腿，是古代木雕工匠留给后世的一份珍贵文化遗产，尽管经历了百年风雨，浅淡的木质本色已黯化成古旧的棕黑色，然而，正是这样一种复杂、沉重的色调，给这些古民居增添了几分历史的沧桑和浓浓的文化内蕴，成了旅游者观赏雕刻艺术、抒发思古幽情的好场所，亦成了收藏家争相收藏的新宠。

双层挑头牛腿　浙江东阳卢宅

目 录

历史篇

斗拱到撑拱的演变，
科学与艺术的结晶。

双架梁上的双狮

木雕牛腿，与中国古民居有机地结合在一起，其布局之工，结构之巧，装饰之美，营造之精，集中体现了中国传统文化的精粹，蕴含着一定的历史价值、科学价值和艺术价值。

木雕牛腿的历史并不久远。它源自“斗拱”，慢慢演变成“撑拱”，然而再到牛腿。撑拱源自明代，而真正演变成为木雕牛腿是在清代初期，其外形犹如一个有厚度的上大下小的直角三角形，直角的狭边承托檐梁，阔边紧贴立柱，成了依附在古民居柱梁上端的独特建筑构件。清代中期，木雕牛腿逐渐往深浮雕、镂空雕、半圆雕发展，使其形成了实用与欣赏兼备的建筑构件。

本篇主要讲述木雕牛腿的历史沿革和木雕牛腿的作用与组成。

历史篇

牛腿，犹如古民居的一双亮丽眼睛　浙江东阳史家花厅

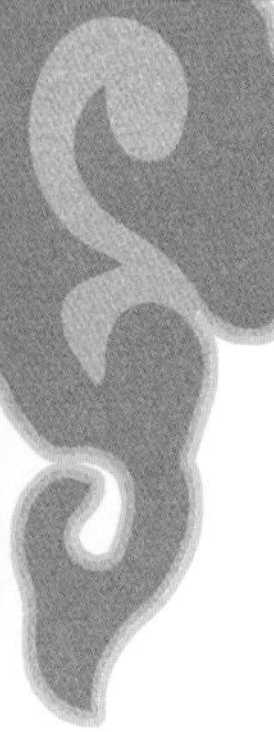

第一章
木雕牛腿的沿革

木雕牛腿是中国江南古民居特有的建筑构件，它的历史比其他木雕物件要晚许多年，而且至今尚未发现有明代以前的“牛腿”实物遗存，也未发现有关的历史文献记载。木雕牛腿的渊源出自斗拱，由斗拱再慢慢演变成撑拱，继而再深化到牛腿。这里，我们就先谈斗拱。

第一节
从斗拱、撑拱到牛腿

斗拱，亦作斗栱，为我国古代高档木结构建筑中特有的一种支承构件，位置在立柱和横梁的交接处。斗拱的功能就是承受建筑上部支出的屋檐，将其重量直接集中到柱上，或间接地先移至额枋后再转到柱上，起着屋檐承重的作用。

斗拱由两种结构组成：从柱顶上探出的一层层成弓形的承重结构叫“拱”；拱与拱之间垫的方形木块叫“斗”，两者合起来称斗拱。拱架在斗上，向外挑出，拱端之上再安斗，这样逐层纵横交错叠加，形成上大下小的层层托架（图 1–1 至图 1–3）。

图 1–1
屋檐下的彩色斗拱

图 1–2 屋檐下的斗拱（一）

图 1–3 屋檐下的斗拱（二）

斗拱的产生和发展有着非常悠久的历史。从 2000 多年前战国时代采桑猎壶上的建筑图案以及汉代保存下来的墓阙、壁画上的装饰，都可以看到早期斗拱的形象。斗拱从春秋时期开始使用，在汉代得到普及，至唐代发展成熟，之后便规定民间不得使用斗拱。北宋官方颁布的《营造法式》，是一部建筑设计、施工的规范书，把斗拱称为铺作。清《工部工程做法》则把斗拱称为斗科，通称为斗拱。

斗拱是大型建筑物的柱与屋顶之间的过渡部分，它使屋顶更为丰富厚重，也使出檐更为深远，形式更为优美。无论从艺术或技术的角度来看，斗拱都足以象征和代表中华民族古典的建筑精神和气质。一般重要的或带纪念性的大型建筑物，才有斗拱的设置。

由于斗拱由许多小块托座组成，制作和安装十分费工，再加上斗拱在民间不允许使用，因此，中国古民居便以一根斜木来代替斗拱，上端支托在屋顶的檐檩下，下端支撑在立柱上，这便是撑拱（图 1–4）。撑拱又称斜撑，是建筑学上的专用名称，主要起支撑建筑外挑木、檐与檩之间承受力的作用，使外挑的屋檐达到遮风避雨的效果，又能将其重力传到檐柱，使其更加稳固。有的学者把撑拱和牛腿划为同一个类型，说撑拱是牛腿的早期雏形，这是有一定道理的。

图 1–4 早期撑拱　浙江浦江嵩溪古村

撑拱在数百年的历史长河中，也出现了形状造型和艺术风格的演变。明代初期，撑拱是由木工制作的，仅仅是一根较细窄的能够支撑斜木的棍、杆形状，上面没有雕饰，其外形就像壶瓶的嘴，缺乏美感，显得单纯而简陋。至明代中期，开始出现装饰性的阴刻曲线，线条流畅简练、风格粗犷。清代初期，慢慢出现卷草纹、竹节纹和回纹。清中期变得繁琐，精雕细凿，流行密不透风的纹饰风尚。随着时间的推移，撑拱的作用得到加强，但撑拱上面尽管有雕刻，终归是一根单一的木材，不仅显得单薄，而且可供装饰的地方也不多，于是有创意的工匠们便将撑拱后面与立柱之间的三角形空档部位当作装饰的对象，用一块雕花木板来填充这个空档，将两个部位完美地结合成一个整体，形状犹如上大下小的直角三角形。这种变化后的撑拱使人联想到牛和马的腿，撑拱就被广泛地称之为“牛腿”，而北方人则称之为“马腿”（图 1–5、图 1–6）。

图 1–5 天官骑鹿撑拱　安徽青阳曹氏宗祠

图 1–6 狮形撑拱　安徽青阳曹氏宗祠

第二节
牛腿与雀替

中国古建筑中的牛腿与雀替有相似之处，两者同样有承重和装饰的作用，但有些人把牛腿与雀替等同起来，这是错误的，因为两者有明显的区别。

雀替，是古建筑的构件，顾名思义就是孔雀展开的双翼。雀替的安放位置在柱子的上面，它向横梁两边伸出，呈对称状的托住横梁（图 1—7 至图 1—10）。雀替在宋代称为角替，清代才称为雀替，又称为插角或托木。雀替通常以榫头插附于横材（梁、枋）与竖材（柱）的相交处，作用是缩短梁枋的净跨度，从而增强梁枋的荷载力，减少梁与柱相接处的向下剪力，防止横竖构材间的角度发生倾斜，既具有稳定作用，又具有装饰功能。其制作材料由该建筑所用的主要建材所决定，如木建筑上用木雀替，石建筑上用石雀替。

图 1—7 雀替叠翠　浙江诸暨斯宅

图 1–8 雀替　浙江浦江嵩溪古村

图 1–9 屋檐下的彩色雀替

图 1–10 卷草纹雀替　浙江浦江嵩溪古村

图 1–11 卷草纹雀替 浙江东阳卢宅

雀替的成熟较晚，虽于北魏期间已具雏形，但直至明代才被广泛应用，并且在构图上得到发展。到了清代之后，雀替便十分成熟地发展成为一种风格独特的构件。由于雀替位于檐下梁柱间的垂直部位，这里最气派，也最吸引眼球，缘于观瞻之需，雀替便从力学上的构件，逐渐发展成美学的构件。雀替的形式随着梁柱间的框格而改变，轮廓由直线转变为柔和的曲线，由方形变成有趣而丰富的多边形。雀替的装饰性雕刻越来越强，有龙、凤、仙鹤、花鸟、花篮等各种形式，雕刻手法有浮雕、透雕或圆雕，有的还配上彩绘，显得华美而多姿，增加了观赏性（图 1–11 至图 1–13）。雀替在不起承重作用时又被称为花牙子，花牙子是汉族建筑中具有雀替外形的一种纯装饰性构件，常与楣子配合使用，装饰图案多为几何纹或花草植物，空灵剔透，精巧别致，故又称镂空雀替。

图 1–12 龙形雀替　安徽池州秀山门博物馆

图 1–13 花形雀替

贵阳方舟戏台，有着古色古香的风韵。它以单层戏台三面观赏为主，重檐歇山顶，采用榫卯斗拱结构，将牛腿、斗拱、雀替组合在一起，檐角飞起，雕梁画栋，壮观华丽（图1—14）。

图 1—14 牛腿、斗拱、雀替组合在一起　贵阳方舟戏台

值得一提的是，雕饰精致的高档民居，将雀替雕饰得像牛腿一样，我们称其为雀替牛腿。雀替牛腿一般不在房屋最前面一周的檐柱身上，而是安装在大厅后排梁与柱的交接处。如被誉为“江南第一花厅”的浙江东阳的史家花厅，在厅堂内部柱子与横梁之间的雀替位置处，安装上了雀替型历史典故人物牛腿，牛腿的高度稍降低了，成了雀替牛腿（图 1–15、图 1–16）。

图 1–15 雀替型历史人物牛腿（一）　浙江东阳史家花厅

图 1–16 雀替型历史人物牛腿（二）　浙江东阳史家花厅

牛腿依附在古民居檐柱外向的上端，是一个有厚度的、形状犹如上大下小的直角三角形，处于门檐梁柱间最佳部位。牛腿直角上方的狭边承托檐梁，直角右方的阔边紧贴立柱，是我国江南民居中的独特建筑构件，直接或间接地承载着屋檐的重量。牛腿基本不上色，显示出天然的纹理和自然美（图 1–17 至图 1–19）。

图 1–17 牛腿上的花饰　浙江诸暨斯宅千柱屋

图 1–18 雀替与牛腿巧妙结合
浙江东阳马上桥花厅

图 1-19 花形雀替与人形牛腿有机结合
浙江东阳夏程里村

图 1–20 “S”形牛腿（一） 浙江东阳民居

第三节 牛腿的演变

木雕牛腿有一个从简单到复杂的演变过程。早期的牛腿为“S”形，较为简洁。后来木雕艺人们在“S”形上施以图案纹样的雕刻，基本上是模式化的，创造性的成分很少，大多为复制。“S”形牛腿的手法大多为浅浮雕，以板块平面组合为主，层次较少，显得粗犷稚拙。随着时间的推移，“S”形木雕牛腿也出现了深浮雕，艺匠们依形度势，根据牛腿的外形进行美化，装饰上花纹和图案，使“S”形牛腿焕发出艺术神韵（图 1–20 至图 1–22）。

图 1–21 “S”形牛腿（二） 浙江浦江嵩溪古村

图 1–22 “S”形牛腿（三） 浙江东阳卢宅

图 1–23 清代牛腿（一） 沈飞锋提供

图 1–24 清代牛腿（二） 沈飞锋提供

清代中期，木雕牛腿逐渐往深浮雕、镂空雕、半圆雕发展，形状趋向多样化，使牛腿成为最能发挥木雕技艺的地方。花工越来越多，水准越来越高，难度也越来越大（图1–23 至图 1–26）。

图 1–25 清代牛腿（三） 沈飞锋提供

图 1–26 清代牛腿（四） 沈飞锋提供

至清代中后期，牛腿的雕刻达到鼎盛，特别是在东阳木雕进入"雕花体"的艺术高峰后，对建筑、家具普遍施以雕花技艺。艺人们的雕刻水平全面提升，用刀圆润流畅，得心应手地交错运用浮雕、镂空雕、半圆雕技法，将牛腿雕刻得灿如锦绣。有时一只牛腿得花数十工、上百工，不仅形象雕刻得精美绝伦，而且还雕出故事的连环情节。牛腿中最常见的雕刻内容是戏曲故事，其次是古典名著故事等。人们往往以牛腿雕刻技艺的高低来衡量一幢民居的价值（图 1–27 至图 1–30）。

图 1–27 牛腿上的戏曲故事（一） 浙江东阳夏程里村

图 1–28 牛腿上的戏曲故事（二） 浙江东阳夏程里村

图 1–29 牛腿上的戏曲故事（三） 中国木雕博物馆

图 1–30 牛腿上的古典名著故事（一）
中国木雕博物馆

图 1–31 牛腿上的古典名著故事（二）
中国木雕城

图 1–32 牛腿上的古典名著故事（三）
中国木雕城

到清末民初时期，受西方雕塑艺术的影响，透视、写实、比例等美术理念渗入中国艺术中，牛腿的雕刻也逐渐出现“西化”，由意象过渡到具象，并注重细节的刻画，尤其是开始讲究牛腿中的人物形象比例，头部和躯体的比例由明代的1∶4、清代中期的1∶5（图1–31、图1–32），逐渐延伸到清末民国初时期的1∶7（图1–33）。

图 1–33 松下赏花牛腿　清末民国初期

图 1–34 劝君更进一杯酒牛腿
浙中民居

在古民居的牛腿雕刻中，大多依附在房屋最前面一周的檐柱身上。从总体看，牛腿在一座建筑上的分布是均匀有序的，但它们的形式和装饰内容并不完全一样。主要厅堂的牛腿形体大而雕刻讲究，次要民居的牛腿则小而造型简洁，表现出礼仪制度的主从等级差别。就同一幢建筑而言，其屋檐下的牛腿形式尽管相同，装饰内容却有差异，特别是正厅中间立柱两侧的牛腿，雕刻得最为精巧，人们将这两只牛腿称为中国古民居木雕艺术中一双亮丽的眼睛（图 1–34、图 1–35）。

图 1–35 牛腿，犹如古民居的一双亮丽眼睛
浙江东阳清华堂

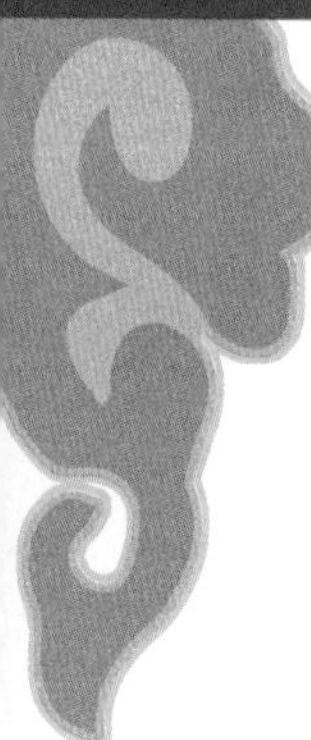

第二章
木雕牛腿的作用

中国古民居木雕牛腿，大多出自东阳的木雕工匠之手。东阳地处浙江中部，从唐代开始就出现“东阳帮”木雕建筑工匠，形成了多层次精雕细刻的浮雕风格。此后，东阳木雕艺术代代相传，又代代发展，造就了上千的木雕艺人，使东阳成为著名的“木雕之乡”，并赢得了“天下第一雕”的美誉。

自宋代起，东阳木雕就已经具有较高的工艺水平。当时，富商官宦建造宗祠院宅成风，把东阳木雕推上一个新的台阶。明代，东阳木雕进入繁荣期，主要制作罗汉、佛像及宫殿、寺庙、园林、住宅等建筑的装饰。清代乾隆年间，有400余名能工巧匠进京修缮宫殿，有的艺人还被选进宫中，雕制宫灯及龙床、龙椅、案几等宫殿用品，从而进一步提高了东阳木雕的技艺档次，

图 2–1 灿若锦绣的民居建筑　浙江东阳史家花厅

图 2–2 山水园林牛腿　浙江东阳史家花厅

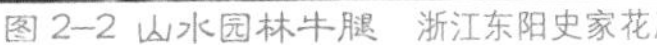

图 2–3 凤采牡丹雀替牛腿　浙江东阳史家花厅

扩大了东阳木雕的声誉。在长期的艺术生涯中，东阳木雕技艺越来越精湛，运用范围越来越广泛，并逐渐发展到民居建筑、宗教用具和家具装饰，形成了整套的东阳木雕技艺和风格，民居木雕牛腿便是其中一绝。

浙江东阳的史家花厅，被誉为“江南第一花厅”，位于东阳市巍山镇东方红村。花厅为砖木结构，面积不大，粉墙飞檐近似徽派建筑。牛腿采用了透雕、深浮雕等技法，生动呈现了传统戏曲、历史故事中的人物形象以及祥禽瑞兽、山水风光等题材。这座宅院的木雕为东阳木雕名家卢连水所作，堪称民国时期东阳木雕与建筑结合的代表，现列为浙江省重点文物保护单位（图 2–1 至图 2–3）。

浙江东阳马上桥花厅，位于湖溪镇马上桥村，始建于清嘉庆二十五年(1820 年)，落成于清道光十年(1830 年)。花厅坐北朝南，共四进，由门楼、照壁、正厅和两进后堂组成，左右为厢楼。牛腿镂空雕饰，题材有花草、山水、楼阁及神仙故事。建筑体量不算大，但雕梁画栋，极富装饰性，系传统民居与东阳木雕艺术结合的典型代表。1997 年 8 月，被列为全国重点文物保护单位（图 2–4 至图 2–6）。

图 2–4 牛腿是古民居中的亮丽眼

贵阳方舟戏台，有着古色古香的风韵。它以单层戏台三面观赏为主，重檐歇山顶，采用榫卯斗拱结构，将牛腿、斗拱、雀替组合在一起，檐角飞起，雕梁画栋，壮观华丽（图1–14）。

图 1–14 牛腿、斗拱、雀替组合在一起　贵阳方舟戏台

牛腿依附在古民居檐柱外向的上端，是一个有厚度的、形状犹如上大下小的直角三角形，处于门檐梁柱间最佳部位。牛腿直角上方的狭边承托檐梁，直角右方的阔边紧贴立柱，是我国江南民居中的独特建筑构件，直接或间接地承载着屋檐的重量。牛腿基本不上色，显示出天然的纹理和自然美（图 1—17 至图 1—19）。

图 1—17 牛腿上的花饰　浙江诸暨斯宅千柱屋

图 1—18 雀替与牛腿巧妙结合
浙江东阳马上桥花厅

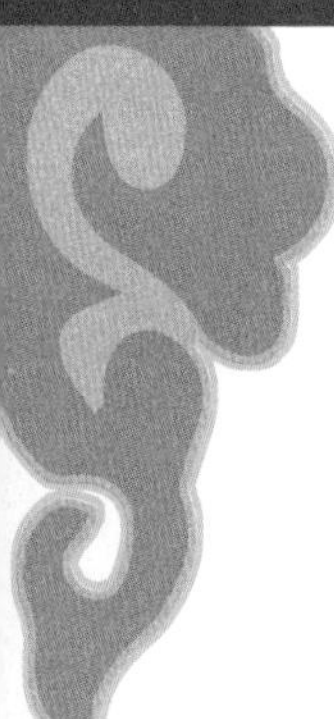

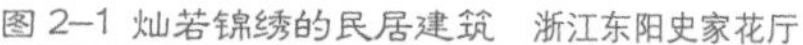

图 3–4 牛腿与梁柱的有机结合　浙江东阳卢宅

为能使木雕牛腿牢固地固定在檩柱之间，牛腿的上方和一侧都留有榫头，以便使牛腿得体地榫合到立柱和挑头中去。这件由收藏家钟永生收藏的“凤采牡丹”牛腿（图 3–5），后边和上端便有插入立柱和挑头的固定榫头。

图 3–5 凤采牡丹牛腿的上方和一侧都留有榫头　钟永生收藏

图 3-6 人物牛腿中的挑头与刊头

第一节
挑头与刊头

挑头又称琴枋，也有人称押头，是压在木雕牛腿上方的一块长方体木料，宛如一块盖头，得体地压住牛腿。为使挑头与雕刻精美的牛腿融为一体，艺人们便在挑头的两个侧面开栏施雕，雕的大多是人物浮雕群像。由于雕刻部位离开人们的视线有一段间距，又不可能走近观看，因此艺人们往往施以剔地深浮雕，使人物形象动感强烈，在光线照射下形成轮廓清晰的投影，看得分明。常见的题材有人们熟知的戏曲故事，历史小说中的战争场景等，特别是《三国演义》中的故事出现较多，如“三英战吕布”“三顾茅庐”“千里走单骑”等脍炙人口的经典段子，其他有花果、禽鸟等形象（图 3–6 至图 3–8）。

图 3–7 山水人物挑头（一）

图 3–8 山水人物挑头（二）

一般上档次的牛腿，在挑头的前方有一组独立的圆雕，称为刊头。刊头雕刻体量虽不大，但由于位置突出，雕刻相对较为精细。由于考虑到视线的距离，刊头形象的线条明朗。刊头雕刻内容也很丰富，或花鸟，或人物，或百兽，形态生动，饱含生机。刊头的形象富有动势，或向前伸，或往上引，指向明显，寓意鲜明。如有的刊头是八仙人物，寓意施展才能，家业兴旺；有的刊头是鲜菜，鲜菜与“先财”谐音，寓意先得财神，保佑发财（图 3–9 至图 3–16）。

图 3–9 渔樵耕读中的渔挑头与戏曲人物刊头

图 3–10 牛腿挑头前的合仙刋头

图 3–11 历史小说中的战争场景挑头与八仙人物刋头之一

图 3–12 历史小说中的战争场景挑头与八仙人物刋头之二

图 3–13 牛腿上的花鸟挑头与刊头

图 3–14 渔樵耕读中的樵挑头与戏曲人物刊头

图 3–15 山水人物挑头与白菜刊头之一

图 3–16 山水人物挑头与白菜刊头之二

一些上档次的厅堂还运用双重挑头，即在第一层挑头的上面加一个托斗，其上面再支出一个挑头。双重挑头又称双层琴枋，是一组木雕的装饰整体，丰富、豪华而有气派。浙江东阳的卢宅树德堂狮形牛腿就是双重挑头牛腿（图 3–17 至图 3–19）。卢宅位于浙江东阳市区东门外，建于明景泰七年（1456 年）至天顺六年（1462 年），其后又不断修建，形成规模庞大的明清民居风格住宅群体，有“民间故宫”之称。1988 年 1 月，其被国务院公布为全国重点文物保护单位。

图 3–17 丰富豪华的双重挑头牛腿 浙江东阳卢宅树德堂

图 3-19 双重挑头牛腿（二） 浙江东阳卢宅树德堂

图 3-18 双重挑头牛腿（一） 浙江东阳卢宅树德堂

第二节
坐斗、花拱与衬垫

装饰华美的木雕牛腿的挑头上方，还有坐斗与花拱，是牛腿连接檐檩的构件。坐斗是花拱的底座，一般呈盆景座或花篮底的形状，安置在挑头上方的前端。坐斗的上面便是花拱，花拱中央是一根立柱，承接着上方的檐檩重量，四面则装饰着各种花卉，丰富而华丽（图 3–20 至图 3–23）。

图 3–20 挑头上的坐斗与花拱　浙江东阳史家花厅

图 3–21 挑头、刊头与坐斗

图 3–22 山水牛腿挑头上的坐斗与花拱
浙江东阳史家花厅

图 3–23 挑头上的坐斗与花拱

图 3–24 牛腿下的衬垫（一）
浙江诸暨斯宅

有的牛腿下面，还安装一块类似扇形的垫木，叫衬垫，又叫梁垫，贴在立柱上，成了牛腿的支撑点。由于衬垫的位置较低，离人们的视线较近，因此雕刻工艺较为精细。衬垫的雕刻技法有剔地浮雕、剔地线刻及镂雕等，画面构图独立而完整（图 3–24 至图 3–29）。

图 3–25 牛腿下的衬垫（二） 浙江诸暨斯宅

图 3–26 牛腿下的衬垫（三） 浙江横店明清民居博览城

图 3–27 神将牛腿及其下面的衬垫 浙江上虞曹娥庙

图 3-29 人物牛腿下的衬垫（二） 清末民初周光洪

图 3-28 人物牛腿下的衬垫（一）
清末民初周光洪

造型篇

丰富多姿的造型，
琳琅满目的雕艺。

神狮牛腿　浙江东阳马上桥花厅

木雕牛腿，作为中国古民居的重要建筑构件，直接或间接地承载着屋檐的重量，既保护了立柱、墙面和门窗，又起到装饰美化的效果，是中国古民居中一双亮丽的眼睛。如果说中国古民居是华夏民族文化的结晶，那么木雕牛腿就是这种文化结晶的精髓之一。

木雕牛腿往往随古民居的承重梁柱均匀分布，其雕刻的精细程度因位置不同而有明显区别。前厅正房的牛腿，雕刻精致而华丽，往往是全雕型牛腿，特别是正房中间两根立柱上的牛腿，更是重中之重；两侧厢房及后面院落立柱上的牛腿，则相对粗犷简洁，往往是撑拱型牛腿或图案型牛腿。

本篇主要介绍撑拱型牛腿、图案型牛腿和全雕型牛腿这三种不同的牛腿造型。

浙江东阳史家花厅

第四章
木雕撑拱型牛腿

第一节
撑拱型牛腿的造型分类

撑拱是牛腿的雏形，可以与牛腿归为同一个类型，称为撑拱型牛腿。它状如条形的斜撑，外形往往呈上细下粗的纺锤状，上连檐檩，下接立柱，大多饰有少量花纹，简洁而精干。有的撑拱虽刻有具体形象，但和整幢建筑相比，仍稍有单薄之感。浙江浦江嵩溪古村、浙江东阳卢宅的撑拱型牛腿便属于这种类型（图 4–1、图 4–2）。

图 4–1 撑拱型牛腿（一） 浙江浦江嵩溪古村

图 4–2 撑拱型牛腿（二） 浙江东阳卢宅

四川成都青羊宫大门的掌拱型牛腿呈筒状条形，上面雕刻着瑞兽踏云的图案，适合条筒的形状上下延伸，并上了彩，别具风韵，但显得单薄空灵（图 4–3）。

浙江新昌城隍庙的撑拱由于处于转角，因此呈双面形态。撑拱底部是花形图案，往上延伸变细与押头相交，通过坐斗、花拱与檐檩对接，起到支撑作用（图 4–4）。

图 4–3 瑞兽踏云撑拱型牛腿　四川成都青羊宫大门

图 4–4 双面撑拱型牛腿　浙江新昌城隍庙

图 4–5 卷草纹龙形撑拱　安徽池州秀山门博物馆

安徽池州秀山门博物馆内的撑拱型牛腿是倒挂的卷草纹龙形，得体地镶贴在柱梁之间，工致而典雅（图 4—5）。

浙江诸暨东湖白镇斯宅村螽斯畈的千柱屋，因屋有千柱而得名，建于清代嘉庆年间，为当地巨富私宅。千柱屋内的撑拱型牛腿分别用花卉、翠竹、松柏等图案装饰，让人可以感受到耕读人家的古朴、清幽和安宁的意蕴（图 4—6 至图 4—8）。

图 4–6 树撑拱　浙江诸暨千柱屋

图 4–7 竹竿撑拱　浙江诸暨千柱屋

图 4–8 花柱形撑拱　浙江诸暨斯宅千柱屋

图 4–9 枕形撑拱　安徽九华山化城寺

图 4–10 花卉形撑拱　安徽九华山化城寺

图 4–11 祥云形撑拱　安徽九华山化城寺

安徽九华山化城寺的撑拱型牛腿呈现出不同的姿态，有花柱形撑拱、枕形撑拱、花卉形撑拱、祥云形撑拱，令人耳目一新（图 4–9 至图 4–11）。

在撑拱型牛腿中还有一种呈斜状的回字纹形，上连檐檩，下接立柱，回纹中间饰有花形图案，在简洁中透出工整，在规矩中

图 4–12 回纹形撑拱　藏品

第二节
撑拱型牛腿的造型实例

安徽青阳曹氏宗祠的撑拱型牛腿雕刻，令人击节赞叹。曹氏宗祠位于青阳县城，始建于清乾隆四年(1739 年)，光绪年间曾扩建修缮，属于汉民族祭祀祖先和先贤的场所。整个祠堂由门楼、曲廊、享堂和寝楼组成，为五开间的砖木结构，中间设有天井，两侧设有庑廊，屋面下部为抬梁式结构，上部大部分是穿枋式结构。门楼部分建筑面积 141 平方米，空间结构布局合理，别具一格。整个建筑制作工艺精湛，浑然一体，其中的撑拱型牛腿的雕刻令人称绝。门楼的撑拱型牛腿雕刻特别精美，均上了彩，这里有仙人骑神兽，有狮子戏彩球，有鲤鱼跳龙门，有田园的花果，题材丰富，多姿多彩，与立柱梁枋有机地结合在一起，具有高超的建筑艺术价值。还有几件在厅堂内的撑拱型牛腿，雕刻更为精致，撑拱的雕刻内容为松鼠拖葡萄，押头的雕刻为鱼化龙，色泽和谐，精美绝伦。这一件件撑拱型牛腿，将曹氏宗祠点缀得壮丽华美。曹氏宗祠现为全国重点文物保护单位，经维修后辟为青阳县博物馆（图 4–13 至图 4–18）。

图 4–13 仙人骑神兽撑拱　安徽青阳博物馆

图 4–14 安徽青阳曹氏宗祠门楼　安徽青阳博物馆

图 4–15 鱼化龙撑拱　安徽青阳博物馆

图 4–16 狮子撑拱　安徽青阳博物馆

图 4–17 瓜果形撑拱（一） 安徽青阳博物馆

图 4–18 瓜果形撑拱（二） 安徽青阳博物馆

浙江范蠡祠的花卉纹撑拱牛腿、博古纹撑拱牛腿是一对上色的木雕牛腿。深棕为底色，花卉、博古及挑头前的刋头为金色，清新悦目，典雅庄重（图 4–19、图 4–20）。

图 4–19 花卉纹掌拱牛腿 浙江范蠡祠

图 4–20 博古纹掌拱牛腿 浙江范蠡祠

图 4–21 渔樵耕读狮子纹撑拱牛腿之一（清）
浙江中鑫建筑艺术博物馆

浙江中鑫建筑艺术博物馆展示的渔樵耕读撑拱牛腿，系清代产物，为一对。牛腿上部是圆形图案，左边牛腿（图 4–21、图 4–22）的圆圈内雕着渔夫和樵夫，樵夫行走在桥上，他担着柴薪，和另一位吸烟的乡人，双双关注着桥下摇船捕鱼的渔夫；右边牛腿（图 4–23、图 4–24）的圆圈

图 4–22 渔樵耕读狮子纹撑拱牛腿之一（局部）

图 4–23 渔樵耕读狮子纹撑拱牛腿之二（清）
浙江中鑫建筑艺术博物馆

的渔夫；右边牛腿（图 4–23、图 4–24）的圆圈内雕着农夫和读书人，农夫荷锄牵象，寓意虞舜耕田的典故。而背景则是寒窗苦读的场景。两幅渔樵耕读画面，构图饱满，形态生动。牛腿下部各有两只狮子，一雌一雄，咧嘴瞪眼俯视。由于年代久远，部分木雕画面已出现残损，但依然能看出当时木雕工匠们精湛的造诣。

图 4–24 渔樵耕读狮子纹撑拱牛腿之二（局部）

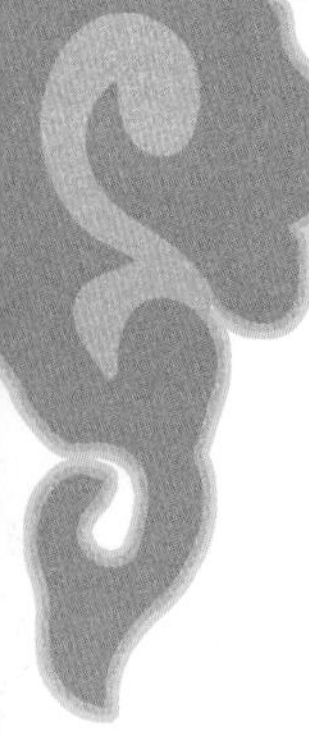

第五章 木雕图案型牛腿

第一节 图案型牛腿的装饰类型

木雕图案型牛腿是民居牛腿中的大宗，根据倒挂直角三角形的外形边框进行图案化装饰。图案型牛腿基本的图案装饰纹样主要有卷草纹和几何纹两种。图案型牛腿一般不作过深的镂雕，因此显得牢固结实，运用范围很广。在具体的雕刻中，图案型牛腿可以分成三种装饰类型。

第一类是直接用卷草纹或几何纹组成牛腿，造型较为简单，在一般的民居中都可以看到。

卷草纹最常见的是草龙形，如在上海朱家角镇与浙江杭州钱王祠内便可以见到草龙形的牛腿（图 5–1、图 5–2）。

图 5–1 卷草纹牛腿（一） 上海朱家角镇东井街

图 5–2 卷草纹牛腿（二） 浙江杭州钱王祠

图 5–3 回纹形牛腿（一） 浙江上虞虞舜宗祠

图 5–4 回纹形牛腿（二） 浙江诸暨斯宅

几何纹最常见的是回纹，它是由横竖短线折绕组成的方形或圆形的回环状花纹，形如“回”字，所以称作回纹。回纹是由古代陶器和青铜器上的雷纹衍化而来的几何纹样，因其构成形式回环反复，延绵不断，在中国民间称为富贵不断头，故在民居中经常采用。回纹牛腿在工艺上通称锁壳牛腿（图 5–3 至图 5–6）。

图 5–5 回纹形牛腿（三） 浙江东阳蔡宅

图 5–6 回纹形牛腿（四） 浙江浦江嵩溪古村

第二类是在卷草或几何纹牛腿的基础上，再在两侧边框内，用深、浅浮雕的手法加以花卉、瓜果、枝叶等图形，在牛腿的外侧前方，用圆雕、半圆雕的手法，装饰狮子、麒麟等神兽，组成富有装饰性的牛腿。这种牛腿在民居中最为普遍（图 5–7 至图 5–10）。

图 5–7 回纹形牛腿前方装饰神兽 浙江上虞虞舜宗祠

图 5–8 回纹形牛腿前方装饰人物 浙江诸暨斯宅

图 5–10 回纹形牛腿前方装饰狮子（局部）

图 5–9 回纹形牛腿前方装饰狮子　浙江上虞虞舜宗祠

图 5–11 回纹形牛腿上的人物（一） 浙江金华民居

第三类牛腿则雕饰得比较精细，它是用卷草或几何纹作分隔的骨架，再在分隔部位作块状的深、浅浮雕。牛腿的雕刻内容有戏曲故事、历史典故以及动物、植物、山水风光等，雕刻精巧，神形酷肖，具有较高的观赏价值（图 5–11 至图 5–15）。

图 5–12 回纹形牛腿上的人物（二） 浙江东阳蔡宅

图 5–13 回纹形牛腿上的寻仙访道 藏品

图 5–14 回纹形牛腿上的戏曲故事（一） 浙江东阳李宅

图 5–15 回纹形牛腿上的戏曲故事（二） 浙江诸暨斯宅

图 5-16 回纹形牛腿之一
浙江东阳清华堂

第二节
图案型牛腿的造型实例

图案型牛腿，在我国比较高档的传统民居中常见。以下介绍几处观赏价值较高的图案型牛腿造型实例。

浙江东阳清华堂是一幢牛腿雕刻颇为讲究的民居。其中木雕图案型牛腿的中心部位是一个几何圆形，圆圈内雕饰瓜果山水，组成主体图案。牛腿的边框装饰回纹线条，空白处点缀蝙蝠祥云画面，寓意洪福齐天（图5-16 至图 5-18）。

图 5-17 回纹形牛腿之二 浙江东阳清华堂

图 5-18 回纹形牛腿林立 浙江东阳清华堂

建于清代的浙江东阳白坦福舆堂，1997 年被公布为省级重点文物保护单位。牛腿框架是回纹形图案，回纹内是人物，回纹的边上是福寿纹样，下面雕饰狮子，挑头是人物历史故事，刊头是回首的凤凰。整只牛腿的造型丰满而精美，具有多角度的审美效果（图 5–19）。

图 5–19 回纹形牛腿上的戏曲故事
浙江东阳白坦福舆堂

浙江诸暨溪北村有一幢徐氏老宅，老宅的框架结构、装潢设计、选材用料和施工要求，无不精益求精。特别是老宅内的木材雕刻，工艺冠绝一方。根据史料记载，这幢老宅系迁居溪北的徐氏第一代祖宗徐俊始建。由于木雕工程浩大，直到他的第五代孙徐必达才告完工，时间是在清道光初年，距今已近 200 年。雕刻精美的大堂继述堂，木雕工程臻于极致。雕刻的题材有花卉、人物，有连环的故事，有缜密的情节。尤其是檐廊下的雕刻，层层叠叠，细密丰满。据传，仅创作大厅柱上的一件木雕牛腿，工匠就花了 100 个工时（图 5–20 至图 5–22）。

图 5–20 回纹形牛腿上的连环故事（一）
浙江诸暨溪北村

图 5–21 回纹形牛腿上的连环故事（二）
浙江诸暨溪北村

第六章
全雕型牛腿

第一节
全雕型牛腿的雕刻特色

全雕型牛腿，是指对牛腿进行全方位的雕刻，使牛腿本身就成为一件雕刻作品。全雕型牛腿雕刻的工艺有深浮雕、镂空雕、半圆雕等，木雕艺匠们把各种技艺巧妙地融合在一起，因此，全雕型牛腿花工夫比撑拱型、图案型牛腿还要多得多。全雕型牛腿的内容丰富多彩，有人物、动物、博古和山水风光等，大多取材于人们喜闻乐见的戏曲故事以及《三国演义》《红楼梦》《封神演义》《说岳全传》中的经典段落，还有民间神话传说，有的还把唐诗宋词中的意境也纳入其中。这一件件牛腿，雕的都是老百姓喜闻乐见的吉利题材，祝福话语。舞台上的戏文，民间艺人口中的说唱，都成了木雕艺匠们雕刀下的内容。

图 6–1 全雕型人物牛腿（一） 浙江嵊州城隍庙戏台

图 6–2 全雕型人物牛腿（二） 浙江上虞虞舜宗祠

图 6–4 全雕型人物牛腿（四） 浙江上虞虞舜宗祠

当今，中国木雕之乡东阳流传着这样一句雕花口诀——“刻花要吉利，才能合人意；画中要有戏，百看才有味。”雕花艺人的学历虽不高，但心中有内容，刀下有绝活，在主人的授意下，根据平时的积累，直臆心胸。艺匠们雕刀下的形象，各有千秋。细节的刻画，匠心独运，哪怕是最小的部位，也别有风采：衣衫被风吹动的痕迹，花草舒展的纹理变化，狗儿伸懒腰的憨态等，力图展现出一种真实唯美的状态。雕在牛腿上的内容虽没有文字说明，但几乎家喻户晓，妇幼皆知，人们一看就懂。这些内容，往往代表着主人的一种心情，一种趣味，一种审美（图 6–1 至图 6–15）。

图 6–3 全雕型人物牛腿（三） 浙江上虞虞舜宗祠

图 6–5 全雕型人物牛腿（五） 浙江上虞虞舜宗祠

图 6–8 全雕型双鱼牛腿　浙东民居

图 6–6 全雕型动物牛腿（一）　浙东民居

图 6–7 全雕型动物牛腿（二）　浙江嵊州城隍庙

图 6–9 全雕型仙鹤荷塘牛腿（一） 浙东民居

图 6–10 全雕型仙鹤荷塘牛腿（二） 浙东民居

图 6–11 封神演义故事牛腿 周光洪

图 6–12 女诸葛牛腿 张祝三

图 6–13 封神演义人物牛腿 浙江金华民居

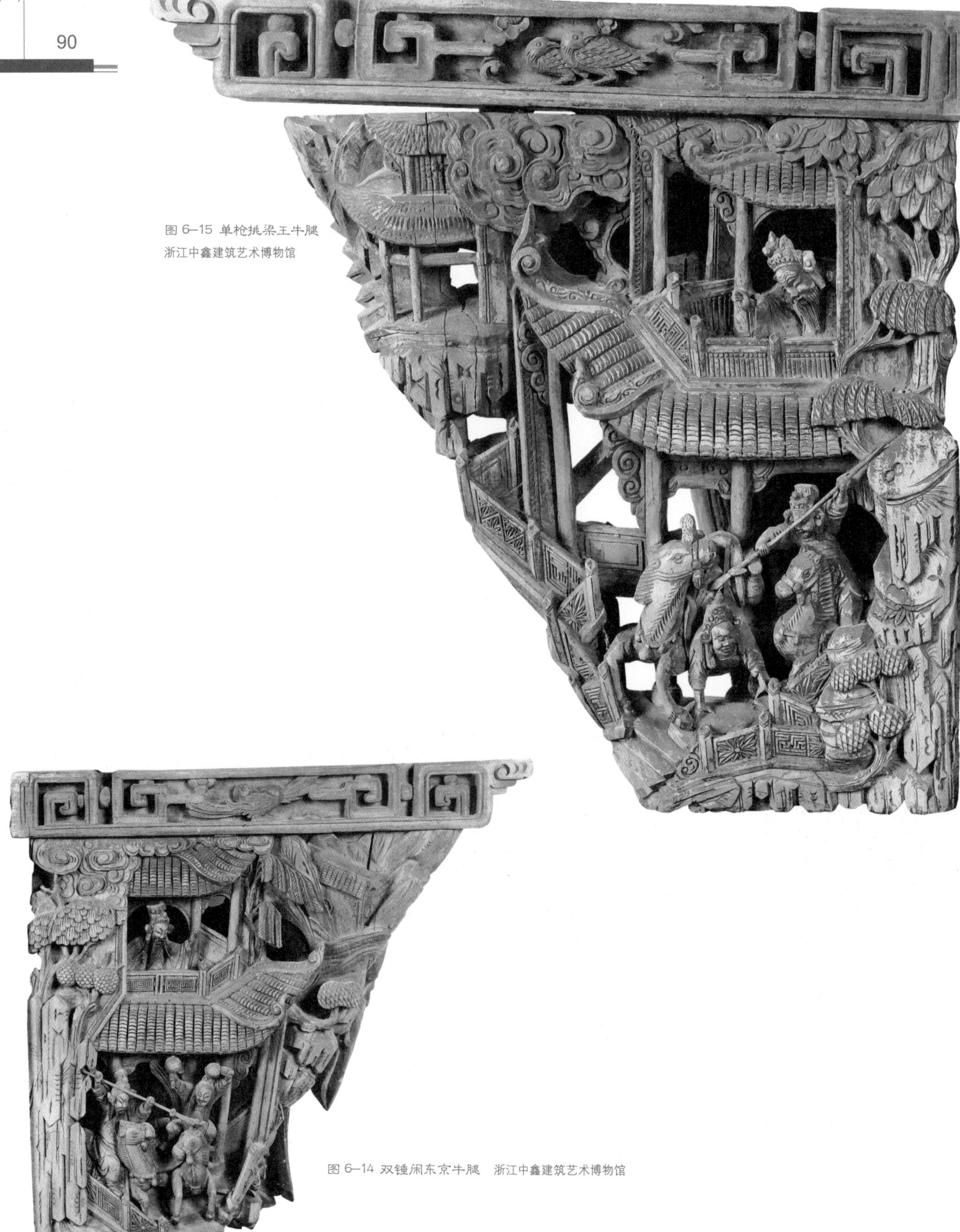

图 6–15 单枪挑梁王牛腿
浙江中鑫建筑艺术博物馆

图 6–14 双锤闹东京牛腿 浙江中鑫建筑艺术博物馆

图 6–16 牧归图牛腿　浙江东阳民居

第二节
全雕型牛腿的造型实例

东阳牛腿牧归图，是一幅充满着江南牧歌情趣的风情画卷。这是一个初夏的傍晚，三个牧童迎着夕阳，回归村庄。一牧童一手牵牧牛，一手扬树枝，吆喝上路；另一牧童骑在牛背上，双手支托牛脊，正昂头动情地唱着牧歌，猛然一阵夏风吹来，卷走了头上的笠帽，飘飘然地吹向高处；还有一牧童则蹲坐在山坡上，看着飘向高处的笠帽，发出揶揄的笑声。那在夏风中大幅飘曳的柳枝，为整幅画面增添了勃发的生机（图 6–16）。

图 6–17 桑园戏妻牛腿 钟永生收藏

钟永生收藏的木雕牛腿“桑园戏妻”（图 6–17），颇有戏剧性。故事源自汉代刘向《列女传》，讲的是秋胡新婚才三日，即被征召入伍；妻罗梅英在家含辛茹苦，侍奉婆婆。梅英长得容仪婉美，光彩照人，谁见了也得心动三分。财主李大户倚势谋娶，遭梅英拒绝。十年后，秋胡做了高官，衣锦还乡，在家乡田野的桑园望见了一位楚楚动人的女子，正在陌间采桑。春风得意的秋胡骑在高头大马上死死地盯住那女子看，继而竟下马调戏她，被这位女子断然拒绝。可是，接下来的问题就严重了，那田间采桑的女子并不是一个陌路的女人，恰恰是秋胡的结发妻子。由于两人分别时间太久，彼此已不认得。梅英发现调戏自己的竟是盼望多年的丈夫，顿感羞辱，要求离异。但迫于婆母之命，勉强相从。全剧充满喜剧色彩，既写出罗梅英不幸的遭遇，也讴歌了她自尊自重，富贵不能淫、威武不能屈的反抗精神。古代的木雕匠师在这件全雕型牛腿中，将趾高气扬地骑在马上的秋胡与面对戏弄严词拒绝的罗梅英，刻画得入木三分，体现出木雕匠师丰富的文学修养。

图 6–18 走马荐诸葛牛腿 钟永生收藏

钟永生收藏的“走马荐诸葛”牛腿（图6–18），是一件颇有造诣的全雕型牛腿。刘备拜徐庶为军师，大败曹军。曹操派人把徐庶母亲接到许昌，模仿徐母笔迹，给徐庶写一封假信，骗徐庶来许昌。徐庶为人至孝，只得持信来向刘备辞行。第二日，徐庶出城，刘备乘马来送，哭道：“军师去矣，吾将奈何？”徐庶向刘备推荐了诸葛亮，建议刘备亲往隆中相请。创制者运用圆雕与浮雕相结合的技艺，把这个故事浓缩在一件牛腿中，刘备策马来送，依依难舍；徐庶推荐诸葛，殷殷报情。人物比例得体，细节刻画传神，是全雕型牛腿中的精品。

图 6–19 历史典故牛腿之一 浙江浦江杨林花厅 （民国 徐心泉）

浙江浦江杨林花厅建于民国年间，里面的牛腿（图 6—19、图 6—20）雕刻得十分精细，大多是木雕名家徐心泉的作品，均为全雕型牛腿。雕刻的内容大多为历史故事中的战争场景，有的牛腿仅人物就有数十人，按故事内容穿插，动作各异，神态生动，构图精巧，刀法纯熟。

图 6–20 历史典故牛腿之二　浙江浦江杨林花厅（民国 徐心泉）

图 6–21 两面雕刻不同形象的牛腿（一）
浙江东阳清华堂

图 6–22 两面雕刻不同形象的牛腿（二）
浙江东阳清华堂

雕琢考究的牛腿还有两面雕刻的，即在同一件牛腿中，左右两面有两个不同的雕刻画面。这种牛腿只有在上档次的古民居中才能见到，如浙江东阳清华堂便有这种牛腿（图 6–21、图 6–22），一面雕刻的是文昌星君，是天官赐福的形象；另一面却是老寿星，是寿翁颐养天年的画面；两者巧妙地吻合在一起，提高了牛腿的观赏价值。这件两面牛腿在细腻传神的雀替、梁枋的木雕映衬下，显得精致华贵，雍容大气。

古民居的主要承重构件是柱子，牛腿往往随柱子均匀分布（图 6–23、图 6–24）。牛腿雕刻的精细程度有明显区别，前厅的正房牛腿，雕刻精致而华丽，往往是全雕型牛腿，特别是前厅正房中间两根立柱上的牛腿，更是重中之重；两侧的厢房及后面的院落立柱上的牛腿，则相对粗犷而简洁，往往是撑拱型或图案型牛腿。

图 6–23 牛腿随柱而立
湖南湘西古祠

图 6–24 牛腿随柱而立
浙江东阳卢宅

鉴赏篇

承载梁架重量的精美雕饰，闪烁传统文化的亮丽眼睛。

浙江东阳个木园中一角

木雕牛腿上雕饰的题材丰富多彩，其装饰形象显示了历代文人和雕刻艺人的聪明才智，其装饰寓意蕴含着人们的美好愿望和祝福，在悠悠的历史长河中，闪烁着耀眼的星光。

木雕牛腿雕刻的题材丰富多彩，有历史典故、戏曲故事，还有祥禽瑞兽、花鸟鱼虫和山水风景，其间蕴含着人们深深的寓意心愿，洋溢着浓郁的民俗风情，让人感悟出中华民族的精气神，极具亲和力。

本篇重点展示木雕人物类牛腿、木雕神兽类牛腿、木雕山水花鸟博古类牛腿这三个类型。

博古纹与戏曲故事相结合的牛腿

瑞鹿报吉祥

第七章
木雕人物类牛腿

人物类木雕牛腿，是牛腿雕刻中的一个大类，不仅内容丰富，而且雕刻最为精美，花工也最大。牛腿雕刻中常见的人物有神仙、文人雅士、武将神将、孝德等四大类。

第一节
神仙类牛腿

神仙既是道的化身，又是得了道的楷模。道教中的神仙名号很多，其中有不少是历史上的真实人物，也有民间传说中的种种神话人物。在中国古典小说《西游记》和《封神演义》中，就有人们熟悉的大量神仙。木雕牛腿中的神仙，大多局限在老百姓喜闻乐见的吉祥类神仙中，如“福、禄、寿”三星，“八仙过海”中的八仙，“金钱钓蟾”中的刘海，“和合二仙”中的寒山、拾得等。下面我们一一推出，以飨读者（图 7–1、图 7–2）。

图 7–1 寿星麻姑赴瑶池牛腿之一　钟永生收藏

图 7-2 寿星麻姑赴瑶池牛腿之二　钟永生收藏

图 7–3 福星牛腿　浙江东阳清华堂

一、“福、禄、寿”三星牛腿

“福、禄、寿”三星是牛腿中的常见题材。福禄寿三星起源于汉族对远古星辰的自然崇拜。福禄寿“三星高照”，又叫“吉星高照”，是一句吉利语。古人按照自己的理解和感受，赋予福星、禄星、寿星以非凡的神性和独特的人格魅力：福星管福祉，禄星管富贵，寿星管生死。

福禄寿三星，象征着幸福、富有和长寿。在福禄寿三星的造型中，福星（图 7–3）手拿一个“福”字，或是手抱小儿，象征“有子万事足”的福气；禄星身穿华贵朝服，手抱玉如意，象征加官进爵，增财添禄；寿星手捧寿桃，面露幸福祥和的笑容，象征安康长寿。在三星的旁边各添上蝙蝠、梅花鹿、寿桃，用它们的谐音来表示福、禄、寿的含义。

福、禄、寿是老百姓心中的殷切期盼，故在民居的牛腿中时有出现。浙江东阳清华堂是一幢著名的古宅，其中的“福、禄、寿”三星木雕牛腿，构图饱满得体，造型生动精确，雕工古朴大气，是木雕牛腿中的精品。现该古宅已移至东阳横店影视城“中国明清民居博览城”。

图 7–4 福神牛腿 钟永生收藏

福星：福星一般呈现天官的形象，是主管人间的福位，即“天官赐福”。福星出身来历众说不一。有人说他是天官，是从元始天尊嘴里吐出来的；有人说他是汉朝的道州刺史杨成。当时，道州多侏儒，汉武帝每年要道州进贡侏儒，供他赏玩。杨成上任后，就奏了一本，说“道州有矮民无矮奴”，汉武帝就免了这项进贡。道州人见杨成造福百姓，就尊奉他为福星。福星的形象为一品大员，身穿蟒袍官服，腰束玉带，手持如意，五绺长髯，眉目和悦，仪表堂堂。天官手执“天官赐福”四个大字横幅，背靠花团锦簇的“福”字，头顶祥云，并有五只蝙蝠环绕，意寓把美好幸福的生活赐予人间。民间还有多子为福的观念，人们把求子的愿望也寄托在天官身上，因此有的福星手抱白胖婴儿，名为“天官赐子”。

福的含义十分广泛，包容了世俗生活中一切美好的愿望与目标，老百姓语言中的“吉祥”便是福的代言（图 7–4 至图 7–10）。

图 7–7 天官赐福牛腿（清） 浙江中鑫建筑艺术博物馆

图 7–5 福运高照牛腿 张世通

图 7–6 如意天官牛腿 藏品

图 7–8 鸿福天降牛腿 浙江东阳卢宅

图 7–9 福气来临牛腿 于根法

图 7–10 官运亨通牛腿 张世通

禄星：禄星即文昌星君，又称文曲星、文星，是汉族民间信仰中主管功名利禄的星官，保佑考生金榜题名。禄，即官吏的俸禄，有追求功利和社会地位的含义。古代封建社会以科举取士，士人一旦通过科举考试，便可以做官发财，官越大薪俸越多，所谓高官厚禄。因此禄也有官位、俸禄的含义。“升官进爵”与“科举及第”是禄星文化的两大主题。古代的科举考试主要是做文章，禄星崇拜包含了对文运的祈求，禄星又成了崇拜文化、崇拜文才的文神，继而升华为百姓喜爱的吉祥神。封建朝廷中，官职级别直接影响经济收入与社会地位，因此升迁成为官吏们难以割舍的仕途情结。在民居牛腿中，特别是官宦人家的私宅，“当朝一品”“连升三级”“马上封侯”“指日高升”“金榜题名”“五子夺魁”“鱼龙变化”“青云直上”“春风及第”“魁星踢斗”和“麟吐玉书”等均为典型的祈禄图像，准确地表达了士人盼升迁、求高位、求财禄的心迹（图 7–11 至图 7–14）。

图 7–11 禄星牛腿 浙江东阳清华堂

图 7–12 禄神牛腿　钟永生收藏

图 7–14 和谐永禄牛腿 浙江东阳卢宅

图 7–13 幸福常禄牛腿 浙江龙游民居

禄神的崇拜比较早，传说他是商王太丁的次子，死后被封为文曲星，从周朝以来，历代相沿制订礼法，列入祀典（图 7–15）。隋唐科举制度产生以后，文昌星尤为文人学子顶礼膜拜。

图 7–15 文昌星君牛腿 浙江东阳清华堂

中国传统文化中，人们经常采用谐音借代的方法，如鹿常被用来代替禄星，使吉祥色彩更为浓厚。鹿本来就是一种可爱的动物，身上有奇妙的斑纹，头上有美丽的枝角，被认为是一种仁兽。传说当君王施行仁政、天下太平之时，就会有瑶光生成的鹿出现，这种鹿称为天鹿，包含天降瑞祥的意思（图 7–16）。科举考试产生后，鹿又具有功名利禄的象征意义，成为禄星的代表。科举制度消亡后，鹿仍以其活泼美丽的形象受到人们的喜爱，仍然是人们心目中能带来富贵吉祥的瑞兽。在牛腿造型中，鹿往往是禄神的坐骑，或者是禄星抚摸的对象，突出进禄及官运通达的主题。

图 7–16 瑞鹿牛腿　浙江东阳李宅

图 7–17 寿星牛腿　浙江东阳清华堂

寿星： 寿星又叫老人星，为中国神话中的长寿之神，是一位远离凡尘的天上神仙，为南极仙翁形象，故又称南极老人星。自古以来，人们对长寿寄予无限的希望，期盼能得到掌管生死之神的寿星保佑，使自己能“白首壮心驯大海，青春浩气走江山”。传说寿星是南方天空中的一颗星，谁见到这颗星，便能获得长寿。后来，人们把寿星人化了，变成了一个鹤发童颜、长头高额、脑门发达、慈眉善目、和蔼可亲、胡子飘逸、面带笑容的快乐老人形象。寿星的右手往往拄一根龙头拐杖，上挂装有仙丹的葫芦；左手持一个象征长寿的仙桃，笑吟吟地面对大家。每当寿庆之日，他便来到寿堂，寓意颐养天年、健康长寿。在中国江南明清民居中，这位长寿之神是木雕牛腿中的常见题材（图 7–17 至图 7–25）。

图 7–18 长寿之神牛腿　东阳民居

图 7–19 寿驻人间牛腿　浙江东阳民居

图 7–20 寿星捧桃牛腿（清）　浙江中鑫建筑艺术博物馆

图 7-21 南极仙翁牛腿 浙江龙游

图 7-22 南极仙翁牛腿 浙江龙游

图 7-23 寿比南山牛腿 于根法

图 7-24 寿如苍松牛腿 张世通

图 7-25 南极仙翁与白娘子牛腿 东阳民居

图 7–26 麻姑献寿牛腿 浙江浦江民居

图 7–27 麻姑献寿牛腿（清） 浙江中鑫建筑艺术博物馆

与献寿相关的还有“麻姑献寿”，亦是木雕牛腿中的常见题材（图 7–26）。麻姑又称寿仙娘娘，是中国民间信仰的一位女神仙。据《神仙传》记载，麻姑修道于牟州东南姑馀山（今山东莱州市），东汉时应仙人之召降生于蔡经家，年十八九岁，长得眉目生辉，十分美貌，自谓“已见东海三次变为桑田”，即已经历了东海三次变为桑田的漫长岁月。故古时以麻姑喻高寿。在民间流传麻姑在三月三日西王母寿辰时，在绛珠河边以灵芝酿酒为西王母祝寿的故事。故中国民间为女性祝寿多赠麻姑像，取名麻姑献寿。

浙江中鑫建筑艺术博物馆收藏的木雕牛腿麻姑献寿是清代的产物，麻姑肩扛灵芝酿的美酒正喜盈盈地去为西王母祝寿。由于年代久远，麻姑身上已蒙上岁月的风烟，扬起的手指已经断裂，但仍能看出整体的神韵，喜气与清雅交融其间，给人以美的享受（图 7–27）。

图 7–28 吕洞宾和何仙姑牛腿　浙江浦江前陈厅堂　（周光洪作）

图 7–29 铁拐李和张果老牛腿　浙江浦江前陈厅堂　（周光洪作）

二、八仙牛腿

八仙，是八位道教神仙组成的群体。他们是铁拐李、张果老、钟离权、吕洞宾、何仙姑、蓝采和、韩湘子和曹国舅。

图 7–28 至图 7–31 所示为木雕八仙牛腿，共计四件，每件牛腿有两位仙，有机地搭配在一起。这四件八仙木雕牛腿现仍安装在浙江浦江前陈厅堂上。木雕牛腿的创作者是清末雕刻艺术家周光洪，人称“洪师”，系浙江浦江郑宅镇人，一生从事民间厅堂建筑雕刻，精雕传统人物和山水花鸟，雕工精细，技法纯熟，造型生动。他和他的徒弟们在四邻各县及沪杭等城市的花厅、祠堂、戏台、庙宇雕刻了数以千计的牛腿、雀替、梁枋构件和花床、花轿、香亭等。著有《牛腿刻谱》《雕刻技法》等书。

八仙的传说很多，最著名的是“八仙过海”。故事讲述了八位神仙从瑶池祝寿回来，一时高兴，便在东海上各自使出自己的宝贝显示威力。贪心的东海龙王之子看了眼馋，便掳了蓝采和的玉板。其他七位神仙义愤填膺，便通力协作，要回蓝采和的玉板后斩了龙王的大太子，又伤了龙王的二太子。东海龙王着急了，即邀集其他三位龙王和八仙斗法，闹得不可开交。最后经观音菩萨调解才平息风波。故“八仙过海，各显神通”成了人们施展自己才能的成语。

图 7–31 韩湘子和曹国舅牛腿　浙江浦江前陈厅堂　（周光洪作）

图 7–30 汉钟离和蓝采和牛腿
浙江浦江前陈厅堂　（周光洪作）

图 7–32 八仙中的张果老和韩湘子牛腿 王水鑫收藏

图 7–33 八仙中的曹国舅和蓝采和牛腿 王水鑫收藏

图 7–32 至图 7–35 所示为收藏家王水鑫先生收藏的四件木雕八仙牛腿。这八位神仙，手中各持法器，依照牛腿造型，构思得体，雕工老辣，清雅脱俗。

铁拐李：又称李铁拐，是八仙之首，原名李玄，又名洪水。铁拐李身材魁梧，年轻时便在岩穴中修道。一天，李老君和宛丘两位仙人降临到他住的山上，授予他高深的道法，使他成了道行高超的仙人。铁拐李性直而风趣，乐善好施，解人危难，在民间影响很大。人们喜爱他，尊敬他，全然不在乎他那副又黑、又丑、又瘸的模样。铁拐李身背的大葫芦里有治病救人的灵丹妙药，故被尊为“药仙”。

张果老：是唐代道士，叫张果，名后添“老”是对他的尊称。张果老说自己得长生秘术已经数百岁了，隐居在恒州中条山，常往来于汾晋之间，倒骑的一匹白驴日行万里。张果老歇息时就把驴子像纸一样叠起来，放在箱子里，要骑的时候，就用水一喷，立刻又变成驴子。后人给张果老题了这样一首诗：“举世多少人，无如这老汉，倒骑白毛驴，万事回头看。”颇有意趣。

钟离权：字寂道，号云房先生，陕西咸阳人，生在汉朝，故人们又称他为汉钟离。钟离权原在朝中任大将军之职，由于带兵征吐蕃失利，单骑逃入山谷迷了路，一个披着白鹿裘皮的老者接待了他。这位老者是个异人，教给钟离权《长真诀》以及许多仙术。后来，

图 7-34 八仙中的铁拐李和何仙姑牛腿 王水鑫收藏

钟离权又遇到华阳真人，学得了更深的道法。仙人王玄甫又授予他长生秘诀，使钟离权入崆峒山后修成了真仙。钟离权名声很大，地位很高，全真道将其奉为道派祖师。

吕洞宾：又名吕岩，号纯阳子，唐末河中府永乐县人，自幼聪慧过人，出口成章。吕洞宾生得虎体龙腮，凤眼朝天，双眉入鬓，天庭饱满，鼻梁高挺，左眉角有一颗黑痣，常戴一顶华阳巾，身穿黄衫，腰系长带子，可谓仙风道骨。吕洞宾游庐山时，遇到火龙真人，传授他天遁剑法。吕洞宾集“剑仙”“酒仙”“色仙”于一身，风流潇洒，在道教中的地位较高，全真道奉他为“纯阳祖师”，通称“吕祖”，是八仙的中心人物。

何仙姑：八仙中唯一的女性，出生于唐武则天时代，广州增城人，小时候由一位姓何的道人收养，故姓何。何仙姑十三岁入山采药时，遇纯阳仙师，赐她一桃，吃后肚子不会饥饿，并知晓人间的祸福。十四五岁时，梦见神人教她吃云母粉，从此身轻如燕，行步如飞。后何仙姑白日升天，有五色祥云缭绕。

蓝采和：出生年代不详，是个快乐的年轻神仙。他常穿蓝衫，腰系黑色腰带，一脚穿靴，一脚赤足。蓝采和常执三尺玉拍板边乞边歌，机捷谐谑，歌词随口编成，极富哲理。他还驻颜有述，过去几百年，仍是一幅娃娃脸。成仙之后，蓝采和常去深山采花，放在花篮中，待采满后，再抛向天空。所散之花，五彩缤纷，不仅漂亮，还能调节气候，以利人间农事。

图 7–35 八仙中的钟离权和吕洞宾牛腿 王水鑫收藏

韩湘子：字清夫，据说是唐代大文学家韩愈的侄子，性狂放，善饮酒，喜吹笛。一日，韩湘子遇到吕洞宾，跟他学道。传说韩湘子在韩愈面前吹笛一曲，使百花开放。最奇的是花上有紫色字迹，自成一对联："云横秦岭家何在，雪拥蓝关马不前。"韩愈不晓其意，韩湘子说，以后自会对应。后来韩愈冒犯了皇帝被贬到潮州，韩湘子冒雪前来送行，对他说，当年花上的紫色对联说的就是今天的事，因为此地正是"蓝关"。

曹国舅：名曹佾，又名景休，据说他是宋朝大将曹彬之孙，宋仁宗曹皇后的长弟，故称国舅。曹国舅天资纯善，不喜富贵，远离繁华，到山林隐居，布衣素食，一心修道。有一天，曹国舅遇到钟离权和吕洞宾，请教道术。二位仙长便传授他还真秘术，一起携手云游四海，使曹国舅成了八仙中最晚得道的仙人。但在传统造型中，"国舅爷"仍然与众不同，有时仍穿朝服。

也许，人们要问，钟离权、吕洞宾和曹国舅均不是同朝代的人，怎么能凑合到一起呢？其实，这正反映了中国人对神仙长生不老的一种观念。

"八仙故事"题材的牛腿常见于徽州古宅。古徽州是徽商的集聚地，即现在安徽省的歙县、黟县、休宁、祁门、绩溪和江西省的婺源。徽商发迹后往往建造宅第，以耀门庭。在这些古民居中，"八仙"是木雕牛腿常见的装饰题材。"八仙过海，各显神通"其实是一种生意经，一种商业崇拜，故受到徽商的青睐。

图 7–37 八仙牛腿之二　何雪青

图 7–36 八仙牛腿之一　何雪青

值得指出的是，木雕牛腿中常出现“八宝如意”，指的是八位神仙手中的宝物，又称“暗八仙”。它们分别是：汉钟离的扇、吕洞宾的剑、张果老的鱼鼓、曹国舅的玉板、铁拐李的葫芦、韩湘子的笛子、蓝采和的花篮、何仙姑的荷花（图 7–36、图 7–37）。

三、刘海戏蟾牛腿

刘海戏蟾是木雕牛腿中出现较为广泛的题材。刘海，本名刘操，字昭远，五代时期人，居燕山一带，曾为燕王的丞相，后学道成仙，取道号为“海蟾子”，称为刘海蟾。后来，由这名字又引申出刘海戏金蟾的传说。刘海戏金蟾是令金蟾吐金，施济天下穷人。

由刘海戏金蟾演变为钓金蟾，刘海遂成了一位财神。这位财神爷以其特殊的本领给人间带来金钱。他钓金蟾，金蟾则吐出金钱，金钱又被源源不绝地撒布到人间。刘海戏蟾，步步钓钱，寓意财源广进，大富大贵。

传说中的刘海是个仙童，前额垂着整齐的短发，骑在金蟾上，手里舞着一串钱。金蟾为仙宫灵物，古人以为得之可致富。刘海戏蟾，戏的是三足蟾，古人认为蟾能镇凶邪，助长生，是主富贵的吉祥之物，虽然满身钱味，硕大的嘴，暴突的眼，但并不觉得俗气，是被神化了的蟾。由于刘海模样俊俏、可爱，因此，画家画仙童肖像时，便以刘海的形象为样板，并有意保留前额垂着的短发，作为标志。此后，人们便将额上留的短发，称为“刘海”。

图 7–38 至图 7–42 所示的木雕“刘海戏蟾”牛腿，分别来自于有浙江浦江民居以及周光洪创作的作品，展示了刘海戏蟾时的各种风采。

图 7–38 刘海戏蟾牛腿之一　博古藏艺

图 7–39 刘海戏蟾牛腿之二　博古藏艺

图 7–40 刘海戏金蟾牛腿　周光洪

图 7–41 刘海戏蟾牛腿之一 浙江浦江民居

图 7-42 刘海戏蟾牛腿之二　浙江浦江民居

图 7–43 和合二仙中的合仙牛腿　浙江浦江民居

四、和合二仙牛腿

和合二仙，在民间是被广泛信仰的喜庆之神。相传唐代贞观年间，浙江天台山出现了两位传奇人物——寒山和拾得。寒山隐居于天台山翠屏峰寒岩幽窟中，故名“寒山”。拾得本是孤儿，为天台山国清寺的老僧丰干在途中收养，故名“拾得”。拾得在国清寺的厨房中洗涮碗筷，寒山饮食无着落，常到国清寺找拾得要剩饭吃。俩人相依为命，成了好朋友。寒山比拾得年龄大一岁，两人同时悄悄地爱上了一个姑娘，拾得抢先了一步，而寒山却蒙在鼓里。拾得即将与这位姑娘洞房时，寒山方知真相。为成全拾得，寒山弃家来苏州枫桥削发为僧。拾得知道此事后深感不安，也舍女来寻寒山。拾得探知寒山住地后，折一朵盛开的荷花作为礼物拜见寒山，寒山忙捧一盒斋饭来迎接，寓意和（荷）合（盒）相会。故友重逢，相向而舞，在苏州枫桥开山建寺，这就是“寒山寺”。寒山和拾得在寒山寺内结庐修行，慈悲济世，和合人间，最后修成正果，成了“和合二圣”，又称“和合二仙”。寒山与拾得精诚相处的情感，互敬互让的情义，生动地展现了朋友间的“和合”情谊。“和合”是由深厚的中华文化沃土培育起来的一种境界，和合的“和”，是指和谐、和平、祥和；“合”指合作、友好、融合，是中华民族多元文化所整合的一种人文精神。故“和合二仙”深得民心，常常被供奉在婚嫁喜庆场合的中堂（图 7–43 至图 7–48）。

图 7–44 和合二仙中的和仙牛腿　浙江浦江民居

图 7–45 和仙牛腿　浙江浦江嵩溪古村 徐氏宗祠 清代

图 7–46 合仙牛腿　浙江浦江嵩溪古村 徐氏宗祠 清代

图 7–47 和合二仙中的和仙牛腿　博古藏艺

图 7–48 和合二仙中的合仙牛腿　博古藏艺

浙江诸暨溪北村古宅中的木雕牛腿“合仙与刘海”别出心裁，雕刻艺人将“和合二仙”中的合仙寒山与刘海巧妙地组合在一起，两者互为呼应，相望生情，妙趣横生。尽管合仙寒山的脸颊和膝盖有火烧焦的痕迹，然而，一股浓郁的民间喜庆风味仍扑面而来（图7–49）。

图 7-49 合仙与刘海牛腿 浙江诸暨溪北村

图 7–50 嫦娥奔月牛腿　浙江浦江杨林村花厅 徐心泉作

图 7–51 天女散花牛腿　浙江浦江杨林村花厅 徐心泉作

五、其他神仙类牛腿

“嫦娥奔月”“天女散花”两件牛腿（图 7–50、图 7–51），是民国初期著名木雕艺人徐心泉创作的。仙女衣袂翻飞，足踏云头，手撒鲜花，飘然而来。仙家在荣华安乐中，人情味十足，足令下界凡人，钦羡不已。

“东方朔偷桃”“钟馗引福”“神笔马良”“时来运转、财运滚滚”等木雕牛腿（图 7–52 至图 7–55），均是神仙类题材的牛腿造型。这些牛腿在木雕艺人们的雕刀下，洋溢着浓浓的吉祥喜庆色彩，深受老百姓的喜爱。

图 7–52 东方朔偷桃牛腿　何雪青

图 7–53 钟馗引福牛腿　楼剑锋

图 7–54 神笔马良牛腿　于根枝

图 7–55 时来运转、财运滚滚牛腿　浙东

图 7–56 郊外踏青牛腿　嵊州长乐大新屋

第二节
文人雅士类牛腿

“文人雅士”一般指历史上舞文弄墨的文人士大夫，“士”就是现在说的知识分子。打开文人类题材的木雕牛腿画卷，展现的是一片五彩缤纷的人文艺术天地。

通过木雕艺术家们创作的许多人物牛腿，让我们欣赏到他们各种丰富多姿的形象，领略到他们不同的艺术风采。当然，要从人物牛腿里去归纳文人雅士的所有风貌是不可能的，因为，人物牛腿雕刻的内容大多反映了房主人的爱好和地位，有很大的局限性，如官宦人家多以文人中状元的戏曲内容为多，显得喜庆热闹；而书香门第则多以琴棋书画的文人雅士类题材为胜，充满了闲情逸趣。这里我们推出的文人雅士牛腿采自江南的古民居，题材反映了文人与童子对话的情趣，从中演绎出如“郊外踏青”“与文会友”“松阴高士”“养生之道”“春晓赏梅”“深秋咏菊”等文人雅士生活。这套牛腿的雕刻时间为清代中期（图 7–56 至图 7–61）。

图 7-57 与文会友牛腿　嵊州长乐大新屋

图 7-58 松阴高士牛腿　嵊州长乐大新屋

图 7-59 养生之道牛腿　嵊州长乐大新屋

图 7–60 春晓赏梅牛腿 嵊州长乐大新屋

图 7–61 深秋咏菊牛腿 嵊州长乐大新屋

琴棋书画，本指琴瑟、围棋、书法、绘画四种艺术类型，是古代文人骚客（包括一些名门闺秀）修身所必须掌握的技能，称为“文人四友”或“雅人四好”，以此来表示个人的文化素养。在古代民居的木雕牛腿中，这类题材也时有出现。下面的四件木雕牛腿是现代木雕艺人为古宅民居新创的（图 7–62 至图 7–65）。

图 7–62 琴牛腿 傅章迪

图 7–63 棋牛腿 傅章迪

图 7–64 书牛腿 傅章迪

图 7–65 画牛腿 傅章迪

图 7–66 抚琴牛腿（清） 浙江中鑫建筑艺术博物馆

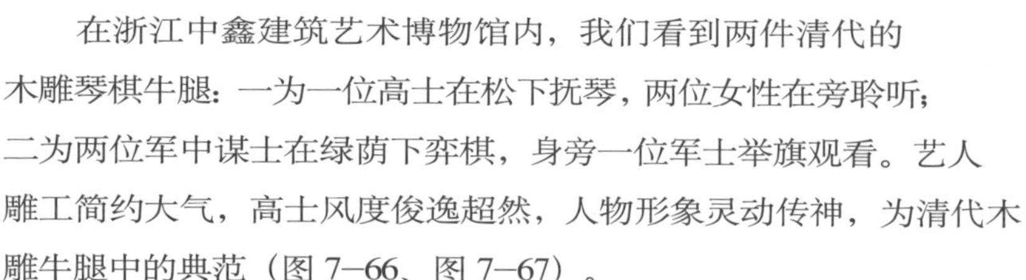

在浙江中鑫建筑艺术博物馆内，我们看到两件清代的木雕琴棋牛腿：一为一位高士在松下抚琴，两位女性在旁聆听；二为两位军中谋士在绿荫下弈棋，身旁一位军士举旗观看。艺人雕工简约大气，高士风度俊逸超然，人物形象灵动传神，为清代木雕牛腿中的典范（图 7–66、图 7–67）。

图 7–67 弈棋牛腿（清） 浙江中鑫建筑艺术博物馆

图 7–68 月泉听松牛腿　何雪青

“月泉听松”“踏雪寻梅”“砚中学问”“书蕴锦绣”“松下吟诗”“携子成材”是古代文人雅士生活中的一景，亦是民居牛腿中的常见画面。图 7–68 至图 7–73 所示的木雕牛腿，均是木雕艺术家们为新建的仿古民居雕刻的，彰显出浓浓的文人雅士风味。

图 7–69 踏雪寻梅牛腿　徐江伟　沈君良

图 7–70 砚中学问牛腿 何雪中

图 7–71 书蕴锦绣牛腿 陈晓华

图 7–72 松下吟诗牛腿 洪一成

图 7–73 携子成材牛腿 魏长河

图 7–74 登高思亲牛腿　浙江横店明清民居博览城

图 7–75 清明怀古牛腿　浙江横店明清民居博览城

图 7–76 饮茗弈棋牛腿　浙江横店明清民居博览城

图 7–77 书中有黄金牛腿　浙江东阳史家花厅

图 7–74 至图 7–77 所示的“登高思亲”“清明怀古”“饮茗弈棋”“书中有黄金”这四件木雕牛腿，均出自清代中期木雕艺术家之手，是反映古代文人生活情趣的题材，现分别保存在浙江横店明清民居博览城和东阳史家花厅中，依然散发着浓浓的典雅古韵。

图 7–78 明代史人物系列牛腿之一

值得一提的是，进入康（熙）乾（隆）盛世以后，读书致士的风气越来越浓，读书人或进入仕途者在建造私家宅第之时，纷纷参与房屋的木雕装饰。他们雇来技艺高超的木雕艺人掌刀，使民居中出现了一批高水平的木雕装饰构件，如“明代史人物系列牛腿”便是其中一例（图 7—78 至图 7—89）。这些牛腿刻画了明代读书致士的一些生活场景，人物形象潇洒飘逸，刀功挺括流畅，花纹洗练生动，场景细腻得体。值得寻味的是每根廊柱上均刻有竖联，其字体端庄工整，很有可能是房主自己撰写的。这位房主对明代历史有深入的研究，其撰写的文字连起来就是一部明代的历史，如“二十二年永乐”“正统一十四春”“成化二十三载”“弘治十八年崩”“正德登基十六”“嘉靖四十五春”“一统太平世界”等。每条竖联六个字，其年代基本上是明代各位皇帝执政的年号，其画面的人物和场景亦是明代的风格。他们有的在吟咏，有的在对弈，有的在酒宴，有的在行文，有的在会友，有的在出行，均反映了明代文人雅士的生活轨迹，从中也可看出房主是一位颇有社会地位的读书人。这些牛腿上的形象是房主与雕刻艺人一起完成的，留存至今，弥足珍贵。

图 7–79 明代史人物系列牛腿之一（局部之一）

图 7–80 明代史人物系列牛腿之一（局部之二）

图 7–81 明代史人物系列牛腿之二

图 7–82 明代史人物系列牛腿之二（局部之一）

图 7–83 明代史人物系列牛腿之二（局部之二）

图 7–84 明代史人物系列牛腿之三（局部之一）

图 7–86 明代史人物系列牛腿之三

图 7–85 明代史人物系列牛腿之三（局部之二）

图 7–87 明代史人物系列牛腿之四

图 7–88 明代史人物系列牛腿之四（局部之一）

图 7–89 明代史人物系列牛腿之四（局部之二）

“渔、樵、耕、读”是农耕社会的四种主要职业，代表了古代民间的基本生活方式，也经常在木雕牛腿的创作中得到反映（图 7–90 至图 7–97）。“渔、樵、耕、读”的宗旨是儒家的基本思想，因为它反映了古代文人雅士对田园生活的憧憬和对淡泊自如人生境界的向往，故归类在文人雅士中。

渔，并不单指捕鱼，而是蕴含着一层更深的内容。“鱼”和“余”谐音，表示了人们期盼生活美满年年有余的愿望。鱼为多子的动物，繁殖力强，故又象征多子多福。

值得一提的是，“渔”的题材受到历代士大夫阶层的青睐，他们往往把“渔”与看破红尘、归隐山林的隐士生涯等同起来，因此“渔隐”便成了中国的独特文化。当文人士大夫阶层在仕途及其他环境中遭到失落、挫折时，便寻求一种避世的“渔隐”生活，达到“卧房阶下插鱼竿”的超脱境界。古代文人士大夫仕途失意后，放浪形骸，足迹江湖，临渊羡鱼，爱的就是鱼儿顺水逐浪，无牵无挂的境界，从而悟出生命的真谛。

图 7–90 樵牛腿　张世通

樵，并不单指打柴，而是寓有另一种含意。“樵”与“翘”谐音，比喻樵夫翘首，便能盼来鸿福。浙江东阳民居的木雕樵牛腿，生动地雕出了三个樵夫在江边巧遇，互相问候致意的场景。木雕艺人通过对人物衣着和面部表情的刻画，反映了劳动者淳朴、善良、乐观、幽默的性格。

耕，是农家种植谷物之意。中国历代统治者都重视农耕，古代皇帝在每年的开春都要

图 7–91 读牛腿　张世通

图 7–92 耕牛腿　张世通

图 7–93 渔牛腿　张世通

到先农坛祭祀神农氏，以祈求国泰民安，五谷丰登。耕还可同时表现养蚕、织布的农家生活，配以青山绿水的画面以及室内的环境，体现了当时的时代特征，具有浓郁的生活气息和地域特色。世外桃源的田园风光，是人们期盼的梦中乐园。

读，是读书寻求知识之意。华夏子孙以读书为人生的追求，“传家二字耕与读，守家二字勤与俭”，耕读是华夏子孙的传家之本，勤奋求知读书便成了儒家学说中的谐模。在科举制度下，读书致士是文人的目标。在牛腿雕刻中，有不少是表现中举、及第的内容，如《状元及第》《五子登科》《范进中举》等。

图 7–96 耕牛腿　浙江东阳民居

图 7–94 渔牛腿　浙江东阳民居

图 7–95 樵牛腿　浙江东阳民居

图 7–97 读牛腿　浙江东阳民居

图 7–98 渔樵耕读牛腿中的渔（清） 浙江中鑫建筑艺术博物馆

在浙江中鑫建筑艺术博物馆中有一组雕刻于清代的“渔、樵、耕、读”牛腿，主要突出了渔夫、樵夫、农夫、书生的单个人物形象。限于牛腿的高度，人物形象偏短了一些，但生动可信，在传情的脸容中，折射出几分风趣与幽默，向后世的参观者送去阵阵古雅的风味（图 7–98 至图 7–101）。

图 7–99 渔樵耕读牛腿中的樵（清） 浙江中鑫建筑艺术博物馆

图 7–101 渔樵耕读牛腿中的读（清） 浙江中鑫建筑艺术博物馆

图 7–100 渔樵耕读牛腿中的耕（清） 浙江中鑫建筑艺术博物馆

现代人之所以喜欢渔樵耕读，应该是对这种田园生活心静如秋水、情淡如朗月、趣广如春江的陶冶，对农耕时代淡泊自如的人生境界的向往，从而构成了人与自然的和谐发展，继而引导人们定下心来，沉浸在闲适环境中去安居乐业。因此，渔樵耕读的人物形象，成了民间艺人创作的重要素材，在木雕牛腿中，渔樵耕读的人物形象处处可见，原因也在于此（图 7–102 至图 7–104）。

雕刻于清代中期的浙江东阳民居牛腿“苏武对话老农”，将汉代的苏武与骑牛的耕者结合在一起，颇有几分传奇色彩。在浓密的绿荫下，手执汉节的苏武，身边拥着羊群，仰脸向上问候手拿竹枝的耕田老翁，似乎请教什么问题。老翁头戴斗笠，一手拿竹枝，一手捋胡须，振振有词地一一回答。两者对话亲切，顾盼有情（图 7–105）。

图 7–102 武状元牛腿　于根法

图 7–103 文状元牛腿　于根法

图 7–104 耕织传家牛腿 浙江上虞虞舜宗祠

图 7–105 苏武对话老农牛腿 浙江东阳民居

图 7–106 三国演义中的千里走单骑牛腿　浙江东阳横店

第三节
武将神将类牛腿

在我国历代文学家创作的历史演义小说里，在民间说唱艺人描述的历史传奇故事中，出现了一批又一批能征善战、武艺超群的武将神将，如《三国演义》《隋唐演义》《封神演义》《杨家将》等书中的关羽、张飞、赵云、黄忠、尉迟恭、秦叔宝、岳飞、牛皋、杨六郎及《封神榜》中的四大天王、姜子牙、闻太师、黄飞虎等。这些武将、神将，构成了一定的内容，成了人们喜闻乐见的故事，反映了儒家思想中的“仁、义、礼、智、信”以及君臣之间的“忠”、父子之间的“孝”等。其中表现内容最多的是《三国演义》，这是一部集儒家忠、孝、节、义思想大成的古典名著，《千里走单骑》《张飞义释严颜》《刘备袭取涪水关》《挑灯战马超》等脍炙人口的故事情节，均在牛腿雕刻中升华成儒家思想的寓意，并得到淋漓尽致的体现。在人物的雕刻处理上虽有夸张却形神兼备，其造型多采用戏曲形象，姿态采用亮相式，头像采用脸谱式，从而较好地表现了人物的典型性格和气质（图 7–106 至图 7–109）。

图 7-108 三国演义中的刘备袭取涪水关牛腿　浙江东阳横店

图 7-107 三国演义中的张飞义释严颜牛腿　浙江东阳横店

图 7-109 三国演义中的挑灯战马超牛腿　浙江东阳横店

图 7–111 隋唐演义中的故事牛腿 浙江东阳民居

《隋唐演义》是一部具有英雄传奇和历史演义双重性质的小说。以隋末农民起义为故事背景，讲述隋朝覆灭与大唐建立的一段历史演义。这段历史是木雕艺匠们热衷表现的题材（图 7–110 至图 7–113）。

图 7–110 隋唐演义中的故事牛腿 浙江东阳民居

图 7–112 隋唐演义中的故事牛腿　浙江东阳民居

图 7–113 隋唐演义中的故事牛腿　浙江东阳民居

图 7—114 穆桂英挂帅牛腿 博古藏艺

图 7—115 穆桂英挂帅牛腿 博古藏艺

博古藏艺展示的木雕牛腿“穆桂英挂帅”取材于杨家将的故事。杨家将屡次率兵击溃辽军，保住了大宋江山。就在这时，安禄王造反，宋王校场选帅。为了国家安危，忠心耿耿的杨家媳妇——五十三岁的穆桂英披上旧日的铠甲，满怀豪情挂帅，又擂响了出征的战鼓。木雕牛腿中的穆桂英形象为戏曲人物的装扮，身上披“靠”。靠是传统戏曲中武将穿戴的盔甲服装。穆桂英背插靠旗，还有雉翎的装饰，飒爽英姿，在马夫的前导下跃然欲出（图 7—114、图 7—115）。

图 7–116 封神演义人物牛腿 博古藏艺

图 7–117 封神演义人物牛腿 博古藏艺

《封神演义》，俗称《封神榜》，系中国神魔小说。该书描写了阐教、截教诸仙斗智斗勇、破阵斩将封神的故事。书中包含了大量民间传说和神话，有姜子牙、哪吒等生动、鲜明的形象，最后以姜子牙封诸神和周武王封诸侯结尾。书中出现的神奇斗争场景和诸多神将，成了宗祠寺庙中木雕装饰的常见题材（图 7–116 至图 7–126）。

图 7–118 封神演义中的神将牛腿
浙江东阳个木园

图 7–120 封神演义中的武将神将牛腿　曹娥庙

图 7–119 封神演义中的武将神将牛腿　曹娥庙

图 7–121 封神演义中的武将神将牛腿　曹娥庙

图 7-122 封神演义中的武将神将牛腿 浙江嵊州城隍庙

图 7-123 封神演义中的武将神将牛腿 曹娥庙

图 7–124 封神演义中的武将神将牛腿　浙江嵊州城隍庙

图 7–125 封神演义中的武将神将牛腿　浙江嵊州城隍庙

图 7–126 封神演义中的武将神将牛腿
浙江嵊州城隍庙

图 7–127 姜太公遇周文王牛腿 浙江东阳民居

浙江东阳民居木雕牛腿“周文王访姜太公”，讲述了周文王慧眼识英才，礼贤高士，请钓鱼老翁出山执掌国政的故事。明君访贤，一直是古时百姓喜闻乐见的题材。整件牛腿的构图十分饱满，在浓密的苍松下面，姜太公稳坐钓鱼台，正钓起一条大鱼。周文王骑坐在高头骏马上，往下打躬作揖，向太公恭贺。周围簇拥着随从人员，场面气氛热烈，雕工既精巧，又大气，别具风韵（图 7–127）。

在木雕牛腿的神将造型中，四大天王的形象占有一定的比例。因为四大天王分别掌管着“风、调、雨、顺”的四个环节，人们只有在一年中获得了“风调雨顺”，才能五谷丰登，平安幸福。因此，在江南的宗祠寺庙中，四大天王的造型较为普遍。牛腿的四位天王造型往往仪表堂堂、威武慑人。这里推出的是全国重点文物保护单位浙江嵊州华堂王氏宗祠内的四大天王木雕牛腿，天王形象丰满，厚重大气，轩昂挺拔，威中有神（图 7–128 至图 7–132）。

图 7–128 四大天王牛腿之一 浙江嵊州华堂王氏宗祠

图 7–129 四大天王牛腿之一（正面）

图 7–130 四大天王牛腿之二
浙江嵊州华堂王氏宗祠

图 7–131 四大天王牛腿之三　浙江嵊州华堂王氏宗祠

图 7–132 四大天王牛腿之四　浙江嵊州华堂王氏宗祠

在江南的宗祠、寺庙建筑中，经常能看到神将骑狮的牛腿造型。我们很难分清这是哪一路的神将，也不知道这坐骑神狮的名称。神将不仅有万夫不当之勇，护卫着一方的平安，而且还能降福纳祥，保佑大家美满幸福；神狮能日行千里，夜行八百，驱散妖雾，迎来太阳。中国式的神将，加上中国式的神狮，构成了中国江南宗祠、寺庙牛腿的独特文化（图 7–133 至图 7–141）。

图 7–134 神将骑狮牛腿（三） 浙江横店明清民居博览城

图 7–133 神将骑狮牛腿（二） 浙江横店明清民居博览城

图 7–136 神将骑狮牛腿（一） 崇仁戏台

图 7–135 神将骑狮牛腿（一） （正面）

图 7–137 神将骑狮牛腿（四） 浙江东阳民居

图 7–139 神将骑狮牛腿（六） 中国木雕博物馆

图 7–138 神将骑狮牛腿（五） 浙江东阳李宅

图 7–140 神将骑狮牛腿（七） 博古藏艺

图 7–141 神将骑狮牛腿（八） 博古藏艺

图 7–142 神将骑狮牛腿　浙江兰溪诸葛八卦村丞相祠堂

图 7–143 神将骑马牛腿　浙江兰溪诸葛八卦村丞相祠堂

浙江兰溪诸葛八卦村丞相祠堂中的木雕牛腿，享有盛誉。丞相祠堂始建于明万历年间，清末到民国时重建，总深 45 米，宽 42 米，总面积 1900 平方米，坐西朝东，歇山式屋顶，五开间的宗祠，平面按“回”字型布局，由门厅、中庭、庑廊、钟楼和享堂组成。按照清朝庙制，三品以上的官员才能建五开间的宗祠。丞相祠堂享堂上的木雕牛腿，依附于石柱上，以婺剧徽戏为主要题材，以武将神将为多，特别是神将骑狮、骑马的牛腿（图 7–142 至图 7–144），反映了《三国演义》《封神演义》中的战争场景。造型生动得体，工艺精美绝伦。古建专家对丞相祠堂中的牛腿有这样的评价：“镌刻技术精湛，人物形象逼真，分布范围广泛，表现形式多样，剧目丰富，延续时间长久，是当之无愧的一座没有围墙的地方戏曲艺术博物馆。”

图 7–144 神将骑狮牛腿（侧面） 浙江兰溪诸葛八卦村丞相祠堂

图 7–145 神将骑坐狮子牛腿（清） 浙江中鑫建筑艺术博物馆

浙江中鑫建筑艺术博物馆展示的“神将骑坐狮子”木雕牛腿，计一对，系清代的产物。此对牛腿构思巧妙，布局丰满，保存完好，是神将骑狮类木雕牛腿中的精品。木雕艺匠采用立体圆雕、镂空雕与浮雕巧妙结合的技法，将骑狮神将的勃发英姿刻画得惟妙惟肖：一神将手握如意，骑坐在幼狮围绕的雌狮上，与身下的另一位神将双目对视，互为呼应；另一神将手拿方天画戟，骑坐在足踏绣球的雄狮上，双目有神，与身下另一位手执钢枪的神将心心相印，配合默契。他们护卫着一方的平安，同时给大家带去喜庆与安宁。神将的身后雕刻着八仙人物——铁拐李、钟离权、张果老、吕洞宾、何仙姑、蓝采和、韩湘子和曹国舅，他们腾云驾雾般地从天边飘然而至，各显神通，为木雕牛腿增添着神奇色彩（图 7–145、图 7–146）。

图 7-146 神将骑坐狮子牛腿（清）　浙江中鑫建筑艺术博物馆

图 7–147 “谁言寸草心、报得三春晖”牛腿

第四节
孝德类牛腿

孝德是我国古代重要的伦理思想之一，孝为德之本，百善孝为先。孝敬父母是一种亲情，是一种爱，是一种美德，是家庭和谐、社会稳定的基础，是天下所有子女应遵循的道德规范。

元代有位文人叫郭居敬，系福建尤溪县广平村（今大田县广平镇）人，自小孝敬父母，是有名的孝子。为能让孝德行为发扬光大，郭居敬将中国流传深远的虞舜以下至宋代孝子孝行的故事进行增删，辑录成古代 24 个孝子的故事，配以图画和五言绝句，编成《全相二十四孝诗选》，简称《二十四孝》。书中故事通俗易懂、情节感人，诗句朗朗上口、便于记忆，十分适合儿童和普通百姓阅读。《全相二十四孝诗选》发行后，得到广泛流传，成了元明清以来的一本广受欢迎的宣扬中华文化精神的儿童启蒙教材，而且传播到日本、朝鲜、韩国、新加坡、越南等周边国家，成为国民孝行教育的教材。尽管《二十四孝》故事中存在着封建糟粕、也有些与史不相符合之处，但是作为弘扬中华民族传统美德之一的孝德，是值得我们学习、继承和发扬的（图 7–147）。

图 7–148 层层叠锦的虞舜宗祠木雕艺术

浙江上虞的虞舜宗祠，是一座颂扬孝德文化的场所。宗祠宽敞明亮，气势恢宏，在江南的宗祠建筑中极为罕见。其中，最为称道的是宗祠前院主殿和后院主殿中的牛腿。创制者以传统的孝德文化为主线，运用了群众喜闻乐见的写实表现形式，通过扎实的雕刻功底，将圆雕和深浅浮雕有机地结合在一起，创作了"虞舜孝感动天""孟宗哭竹成笋""菊香扇枕温衾""寿昌弃官寻母"等一个个脍炙人口的孝德故事，再现了《二十四孝》中的精华。牛腿呈全雕型，人物的动态，形神兼备；脸部的刻画，精致入微；景物的配置，完美得体。使牛腿与虞舜宗祠颂扬的孝德文化珠联璧合，堪称江南一绝（图 7–148）。

图 7-149 虞舜孝感动天牛腿（局部） 浙江上虞虞舜宗祠

虞舜孝感动天：舜，传说中的远古帝王，五帝之一，姓姚，名重华，史称虞舜。相传他的父亲愚钝、继母暴虐、异母弟弟傲慢，但舜毫不嫉恨，仍对父亲恭顺，对弟弟爱护，其行为感动了天帝。舜在历山耕种，大象替他耕地，百鸟代他锄草。帝尧听说舜非常孝顺，有处理政事的才干，把两个女儿娥皇和女英嫁给他。经过多年观察和考验，尧选定舜做他的继承人。舜登天子位后，去看望父亲，仍然恭恭敬敬，并封弟弟象为诸侯（图 7–149 至图 7–151）。

图 7–150 虞舜孝感动天牛腿（正面）

图 7–151 虞舜孝感动天牛腿（背面）

图 7-153 闵损芦衣顺母牛腿之二

图 7-152 闵损芦衣顺母牛腿之一

闵损芦衣顺母：闵损，字子骞，春秋时期鲁国人，孔子的弟子，在孔门中以德行著称。闵损生母早死，父亲娶了后妻，又生了两个儿子。继母经常虐待他，冬天，两个弟弟穿着用棉花做的冬衣，却给闵损穿用芦花做的冬衣。一天，父亲出门，闵损牵车时因寒冷打颤，将绳子掉落地上，遭到父亲的斥责和鞭打。芦花随着打破的衣缝飞了出来，父亲方知闵损受到虐待。父亲返回家，要休逐后妻。闵损跪求父亲饶恕继母，说："留下母亲只是我一个人受冷，赶走母亲，三个孩子都要挨冻。"父亲就依了他。继母听说，悔恨知错。从此，如亲子般对待他（图 7-152、图 7-153）。

图 7–154 曾参啮指痛心牛腿

曾参啮指痛心：曾参，字子舆，春秋时期鲁国人，孔子的得意弟子，以孝著称。曾参少年时家贫，常常入山打柴。一天，家里来了客人，母亲不知所措，就用牙咬自己的手指。正在山上打柴的曾参忽然觉得心疼，知道母亲在呼唤自己，便背着柴禾迅速返回家中，跪问缘故。母亲说："有客人忽然到来，我咬手指盼你回来。"曾参于是接见客人，以礼相待（图 7–154）。

图 7–155 汉文帝亲尝汤药牛腿

汉文帝亲尝汤药：汉文帝刘恒，系汉高祖之子，为薄太后所生。刘恒以仁孝之名，闻于天下，侍奉母亲从不懈怠。母亲卧病三年，他常常目不交睫，衣不解带。母亲所服的汤药，他亲口尝过后才放心让母亲服用。刘恒在位 24 年，重德治，兴礼仪，注意发展农业，使西汉社会稳定，经济得到恢复和发展。汉文帝刘恒与其子汉景帝刘启的统治时期被誉为“文景之治”（图 7–155）。

图 7–156 董永卖身葬父牛腿

董永卖身葬父：董永，相传为东汉时期人，少年丧母。后来，董永的父亲亡故，董永卖身至一富家为奴，换取丧葬费用。上工路上，董永在槐荫下遇一女子，自言无家可归，二人结为夫妇。女子以一月时间织成三百匹锦缎，为董永抵债赎身。返家途中，行至槐荫，女子告诉董永，她是天帝之女，奉命帮助董永还债，言毕凌空而去（图 7–156）。这便是《天仙配》的故事。

图 7–157 丁兰刻木事亲牛腿

图 7–158 丁兰刻木事亲牛腿（局部）

丁兰刻木事亲：丁兰，东汉时期人，幼年父母双亡，长大后经常思念父母的养育之恩。于是，丁兰用木头刻成双亲的雕像，事之如生。丁兰凡事均与木像商议，每日三餐敬过双亲后自己方才食用，出门前一定禀告，回家后一定面见，从不懈怠。久而久之，丁兰的妻子对木像便不太恭敬了，竟好奇地用针刺木像的手指玩，而木像的手指居然有血流出。丁兰回家见木像眼中垂泪，问知实情，遂将妻子休弃（图 7–157、图 7–158）。

图 7–159 江革行佣供母牛腿

江革行佣供母：江革，东汉时期人，少年丧父，侍奉母亲极为孝顺。战乱中，江革背着母亲逃难，几次遇到匪盗，贼人欲杀死他，江革哭告："老母年迈，无人奉养。"贼人见他孝顺，不忍杀他。后来，江革迁居江苏下邳，做雇工供养母亲，自己贫穷赤脚，而依旧保证母亲的衣食丰裕。明帝时，江革被推举为孝廉；章帝时，江革被推举为贤良方正（图 7–159）。

图 7–160 陆绩怀橘遗亲牛腿

陆绩怀橘遗亲：陆绩，三国时期吴国人，科学家。六岁时，陆绩随父亲陆康到九江谒见袁术。袁术拿出橘子招待，陆绩往怀里藏了三个橘子。临行时，橘子滚落地上，袁术逗道："陆郎来我家做客，走的时候还要怀藏主人的橘子吗？"陆绩跪答说："母亲喜欢吃橘子，我想拿回去给母亲尝尝。"袁术见他小小年纪就懂得孝顺母亲，大加赞赏（图 7–160）。

图 7-161 黄香扇枕温衾牛腿

黄香扇枕温衾：黄香，东汉时期人，九岁丧母，事父极孝。酷夏时，黄香为父亲扇凉枕席；寒冬时，黄香用身体为父亲温暖被褥。黄香少年时博通经典，文采飞扬，京师广泛流传“天下无双，江夏黄童”（图 7-161）。

图 7–162 姜诗涌泉跃鲤牛腿

姜诗涌泉跃鲤：姜诗，东汉时期人，娶庞氏为妻，夫妻二人都非常孝顺。婆婆喜喝长江水，爱吃长江鱼。其家距长江六七里之遥，庞氏常到江边挑水捕鱼。一次因风大，庞氏取水晚归，姜诗将她逐出家门。庞氏求居在邻居家中，昼夜纺纱织布，将积蓄所得托邻居送回家中孝敬婆婆。其后，婆婆知道了庞氏被逐之事，令姜诗将其请回。庞氏回家这天，院中忽然涌出泉水，味道与长江水相同，每天还有两条鲤鱼跃出。从此，庞氏便用这些供奉婆婆，不必远走江边了（图 7–162）。

图 7–163 王裒闻雷泣墓牛腿

王裒闻雷泣墓：王裒，魏晋时期人，博学多能。父亲王仪被司马昭杀害，王裒隐居外地，以教书为业。王裒对母亲极其孝顺，其母去世后埋葬在山林中。由于其母在世时，生性怕雷，故每当风雨天气，听到雷声，王裒就跑到母亲坟前，跪拜安慰母亲（图 7–163）。

图 7–164 孟宗哭竹生笋牛腿 虞舜宗祠

孟宗哭竹生笋：孟宗，三国时江夏人，少年时父亡，母亲年老病重，大夫嘱用鲜竹笋做汤为药引。适值严冬，没有鲜笋，孟宗无计可施，独自一人跑到竹林里，扶竹哭泣。少顷，他忽然听到地裂声，只见地上长出数茎嫩笋。孟宗大喜，采回做汤，母亲喝了后果然病愈（图 7–164 至图 7–166）。

图 7–165 孟宗哭竹生笋牛腿（局部之一）

图 7–166 孟宗哭竹生笋牛腿（局部之二）

图 7–167 郭巨埋儿奉母牛腿

郭巨埋儿奉母：郭巨，汉代人，父亲去世后，家境逐渐贫困。郭巨对母极孝，后妻子生下男孩，郭巨担心养这个孩子，会影响供养母亲，遂和妻子商议："儿子可以再有，母亲死了不能复活，不如埋掉儿子，节省粮食，供养母亲。"他们遂来到荒郊，挖坑埋儿。当挖至地下三尺处，忽见一坛黄金，上书"天赐孝子郭巨黄金，官不得取，民不得夺"。夫妻得到黄金，回家孝敬母亲，兼养孩子（图 7–167）。

图 7–168 吴猛恣蚊饱血牛腿

吴猛恣蚊饱血：吴猛，晋朝濮阳人。八岁时，吴猛就懂得孝敬父母。每到夏夜，家里贫穷，没有蚊帐，蚊虫叮咬使父亲不能安睡。吴猛总是赤身坐在父亲床前，任蚊虫叮咬而不驱赶，担心蚊虫离开自己去叮咬父亲（图 7–168）。

图 7–169 杨香扼虎救父牛腿

杨香扼虎救父：杨香，晋朝人。十四岁，杨香随父亲到田间割稻，忽然跑来一只猛虎，把父亲扑倒叼走。杨香手无寸铁，为救父亲，全然不顾自己安危，急忙跳上前，用全身气力扼住猛虎的脖子不放，最后猛虎终于放下杨父跑掉了（图 7–169）。

图 7–170 唐夫人乳姑不怠牛腿

唐夫人乳姑不怠：崔山南，名管，唐代博陵人，官至山南西道节度使，故称山南。当年，崔山南的曾祖母长孙夫人，年事已高，牙齿脱落。祖母唐夫人十分孝顺，每天盥洗后，都上堂用自己的乳汁喂养婆婆，如此数年，长孙夫人不吃饭食，身体依然健康。后来，长孙夫人病重时，将全家大小召集在一起，说："我无以报答媳妇之恩，但愿媳妇的子孙媳妇也像她孝敬我一样孝敬她。"后来，果然像长孙夫人所嘱，两房媳妇都十分孝敬祖母唐夫人（图 7–170）。

图 7–171 仲由百里负米牛腿

仲由百里负米：仲由，字子路，春秋时期鲁国人，孔子的得意弟子，性格直率勇敢，十分孝顺。早年家中贫穷，常采野菜充饥，却从百里之外负米回家侍奉双亲。父母去世后，他虽做了大官，所积的粮食有万钟之多，但仍然不忘父母（图 7–171）。有诗颂曰：负米供旨甘，宁忘百里遥；身荣亲已殁，犹念旧劬劳。

图 7–172 朱寿昌弃官寻母牛腿

朱寿昌弃官寻母：朱寿昌，宋代天长人。七岁时，生母刘氏被嫡母（父亲的正妻）嫉妒，不得不改嫁他人，五十年母子音信不通。后来，朱寿昌在朝做官，曾经刺血书写《金刚经》，行四方寻找生母。得到生母线索后，朱寿昌辞官到陕西寻找，发誓寻不见母亲永不返回。终于在陕州遇到生母和两个弟弟，母子欢聚，一起返回。这时母亲已经七十多岁了（图 7–172）。

图 7-174 曹娥寻父投江牛腿

图 7-173 纪念曹娥孝女牛腿

除“二十四孝”外，曹娥也是远近闻名的孝女。曹娥是东汉时期浙江上虞人，父亲溺于江中，数日不见尸体。当时，曹娥年仅十四岁，昼夜沿江号哭。十七天后，仍不见父尸。曹娥纵身投入江中，五日后曹娥背着父亲，两具尸体浮出江面，此事传至县府知事，即报送上司，广为颂扬。曹娥所住之镇更名为曹娥镇，寻父之江改为曹娥江，并建曹娥庙慰其孝心。曹娥庙现已成为江南第一名庙（图 7-173、图 7-174）。

图 7–175 花木兰替父从军牛腿
浙江上虞虞舜宗祠

花木兰替父从军，亦是脍炙人口的孝女。花木兰是北魏人，自幼跟父亲练武，还喜欢看父亲的旧兵书。北魏迁都洛阳之后，北方游牧民族南下骚扰，北魏政权规定每家出一名男子上前线抵抗。父亲年纪大了，弟弟年纪又小，木兰毅然女扮男装，替父从军。去边关打仗，对于男人来说都是艰苦的事情，而木兰既要隐瞒身份，又要与伙伴们一起杀敌，更为艰难。十数年后，花木兰立了大功，凯旋回家，谢绝了皇帝的封赏，回家加倍孝敬父母（图 7–175）。

第八章
木雕神兽类牛腿

图 8–1 装饰华美的神兽祥禽牛腿 浙江东阳个木园

瑞兽，是民间艺术家对自然界中的走兽进行美化、神化后的艺术形象。它来自自然，又高于自然，大多是古代人们在与自然现象的搏斗、追求美好境界的愿望中虚化出来的。瑞兽成了人们征服自然、驱除妖魔的精神寄托。自汉代以后，中国历代艺术家们依照人们的意愿，在走兽神瑞化的道路上发扬光大，龙、麒麟、辟邪、天禄、獬豸、螭虎、狴犴、鳌鱼等理想化神兽的造型愈来愈浪漫；狮、虎、象、豹、鹿、牛、马、羊等自然界的走兽也慢慢脱离了原貌而走向神化之路。这些神兽虽为世上所不见，却是从走兽中提炼出来的，矫健生动，神采飞扬，奇谲瑰丽。在古民居的牛腿瑞兽造型中，最常见的瑞兽形象是狮子，其他还有鹿、马、羊、虎、龙、麒麟等，它们既是民居宅院的护卫神，又蕴含吉祥喜庆的意愿(图8–1）。

图 8–2 彩色神兽牛腿与雀替的有机组合　浙江东阳个木园戏台

图 8–3 彩色神兽牛腿与雀替的有机组合　浙江东阳个木园戏台

图 8-4 中国传统狮子牛腿　博古藏艺

第一节
狮子类牛腿

狮子是中国古民居牛腿造型中最多的瑞兽，差不多占了牛腿总体造型的三分之一以上。牛腿中的狮子造型不是大自然中的真实狮子，而是富有中国传统气派的瑞兽。狮子，被誉为“百兽之王”，其故乡在非洲、中西亚和南美洲等地。中国没有天然分布的狮子。自汉代张骞通西域之后狮子才作为“殊方异物”传入中国。由于相隔遥远，道路崎岖，交通落后，猛兽运输极其困难，来到中国的狮子寥寥无几。活狮仅被关养在皇家宫苑之内，专供统治者们观赏，百姓很难见到。因而，这种猛兽引起人们极大的兴趣。

民间艺术家们根据人们的传说，纷纷给狮子造型。他们展开幻想的翅膀，给以神化，创造出了比自然界中的真实狮子更为浪漫生动的形象。有的在肩上添上一双翅膀，有的在头上加上单角或双角，有的在身上饰以云纹或火焰纹。从而使中国狮子的造型一开始便和自然界中的真狮产生了很大的差异。狮子身上的这些神瑞化的怪异装饰，一直到唐代才舍去。但这种狮子的造型，一直影响着后代的狮子造型，形成了中华民族独特文化和格调的传统狮子形象（图 8-4）。

图 8–5 狮子牛腿（左为雄狮、右为雌狮） 浙江东阳马上桥花厅

千百年来，在漫漫的历史长河中，中国传统狮子在神州的建筑艺术、佛教艺术、器物纹饰、工艺美术、民俗风情上，一直闪烁着灿烂夺目的光彩，体现了华夏人民的聪明和才智。

中国古民居牛腿上的传统狮子造型，大多已失去官家的威严，变得比自然界的真实狮子更为浪漫生动，活泼可爱。狮子瞪着大眼，半咧着大嘴，波纹作毛发，卷纹作旋涡，身披璎珞彩带。狮子成双，雌雄各一，右边的雌狮前肢抚弄仰脸作耍的乳狮，使狮子在雄壮中折射出丝丝母爱的柔情，象征子嗣昌盛、千秋万代；左边的雄狮前肢踩一绣球，球上琢刻规律性的图纹，使狮子在雄壮中显露出缕缕喜庆的色彩。它既象征权力，又表示一统寰宇（图 8–5、图 8–6）。

图 8–6 狮子牛腿（左为雄狮、右为雌狮） 浙江绍兴舜王庙

牛腿中的木雕狮子大多来自清代。狮子的雕刻以细腻见长，卷毛、脚爪、绣球、锦袱都雕刻得异常写实和精细，体现出艺人们高超的技艺水平。特别是清代乾隆时期及其以后，狮子的形象更趋俏丽华贵，出现了不少艺术精品，达到登峰造极的地步（图 8–7 至图 8–10）。

图 8–8 金狮牛腿　苏州狮子林

图 8–7 子嗣昌盛牛腿　浙江东阳民居

图 8–9 雄狮牛腿
博古藏艺

图 8–10 雌狮牛腿
博古藏艺

图 8–11 太师少师牛腿之一　浙江东阳清华堂

牛腿中的狮子一般由大狮子和小狮子组成，大狮小狮即“太师少师”，寓意官运亨通，爵位世袭，又含有子嗣昌盛家业兴旺之意。而且，“狮”与“事”谐音，表达住户“事事如意”的愿望。

浙江东阳清华堂的一对太师少师牛腿，由一只大狮子与多只小狮子组成，堪称中国狮子造型的典范。大狮子呈倒挂形态，狮头往下注视，显得大而突出。嘴巴张开，舌头吐出，鼻子前伸，双颊鼓出；双眼呈枣核形，炯炯有神；双耳往左右两边伸展。狮子的毛发雕刻难度极大，非一般木雕工匠所能操刀的。

这对狮子的头部布满卷毛状疙瘩，木雕工匠显示了高超的雕刻功夫，把狮毛处理得工整而规范。狮身往上延伸，狮尾呈环羽状散开，与挑头有机交接。狮子的前肢与后肢紧贴屋柱，狮身左右两边各有两只小狮子，衔着绶带，嬉戏环绕，绶带串着几枚铜钱，蕴含几分财运。整个狮子牛腿的造型饱满而得体，雄强中透出一股秀媚、喜庆之气（图 8–11、图 8–12）。

图 8–12　太师少师牛腿之二
浙江东阳清华堂

图 8–13 狮形牛腿　安徽池州秀山门博物馆

安徽池州城是一座有着千年历史的文化古城，秀山门博物馆是一座展示池州地域文化的特色博物馆，向人们展示了古代建筑艺术、雕刻艺术，其中便有不少古民居木雕牛腿。博物馆把木雕狮子牛腿排列在展馆的顶棚和两端，给人一种视觉冲击的气势（图 8–13）。

图 8–14 一家人牛腿 浙江仙居高迁村

图 8–15 一家人牛腿（局部）

浙江仙居高迁村古民居中的一对牛腿狮子造型，每件牛腿都有三只狮子，一雌一雄，还携带着一只小狮子，分明是相亲相爱一家人。它们左右对峙，互相依偎，亲和地往下注视着进入室内的亲朋好友，为整幢民居增添缕缕吉祥喜气（图 8–14、图 8–15）。

图 8–16 太狮少狮牛腿（清） 浙江中鑫建筑艺术博物馆

浙江中鑫建筑艺术博物馆展示的一对太师少师牛腿，运用写实的手法，刻画了狮子捧绣球的场景。不论雌狮雄狮，都喜捧绣球，雌狮身旁依偎着几只小狮。这对狮子的刀功犀利婉转，线条延伸流畅，风格清新典雅（图 8–16、图 8–17）。

图 8–17 太狮少狮牛腿（清） 浙江中鑫建筑艺术博物馆

图 8–18 骏犬狮子牛腿 博古藏艺

图 8–19 骏犬狮子牛腿 博古藏艺

值得一提的是，清代的狮子造型中有相当一部分一扫过去的雄风，降为装潢门楼，点缀景色的装饰品。在雕刻工艺上，有些艺人迎合当时社会提倡的审美意识，以繁缛的雕琢为美，只求工不求艺，不考虑生产过程中特质材料的性能和技术的局限，出现了繁琐细碎的倾向，狮子缺乏一种昂扬的精神和奋发的气势，就像哈巴狗。然而，其整件牛腿精致的装饰仍给人带来俏丽的美感（图 8–18、图 8–19）。

图 8–21 子孙万代牛腿　博古藏艺

图 8–20 一统环宇牛腿　博古藏艺

有的木雕狮子装饰气味十分浓厚。造型头部大身躯小，“十斤狮子九斤头，一双眼睛一张口”就是这类狮子的最好概括。这些狮子的姿态追求的是神韵，给人一种“活”的观感。雕刻这些狮子的民间艺人，也没有什么蓝本底样，只是凭着自己丰富的情感和创造才能想象造型。这些亲切生动的狮子造型，与当地的风土人情融合在一起，是用乡土情感雕刻出来的艺术精品（图 8–20 至图 8–22）。

图 8–22 殷殷教诲牛腿　博古藏艺

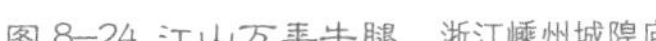
图 8–24 江山万年牛腿 浙江嵊州城隍庙

图 8–23 母子对话牛腿 浙江东阳瑞芝堂

中国狮子，是中华民族几千年来传统文化的结晶之一，是中华民族独特的民族艺术，已深深地植根于民族艺术的土壤中，成为具有中国特色的“狮文化”。

木雕狮子牛腿，以其独特的造型，显示了中国木雕艺术家深厚的造型魅力，成就了中国古民居木雕灿烂文化的重要组成部分（图 8–23 至图 8–34）。

图 8–25 呵护后代牛腿　浙江龙游民居

图 8–26 保佑平安牛腿　浙江浦江民居

图 8–27 喜庆牛腿　浙江嵊州竹溪村

图 8–28 金狮牛腿 杭州楼外楼画舫

图 8–29 雌狮牛腿 诸暨斯宅

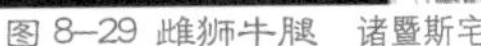

图 8–30 狮子牛腿 诸暨溪北村

图 8–31 现代狮子牛腿之一　中国木雕城

图 8–32 现代狮子牛腿之二　中国木雕城

图 8–34 虎视眈眈牛腿　浙江东阳个木园

图 8–33 雄视大地牛腿　清代狮子造型

第二节
瑞鹿类牛腿

瑞鹿，即鹿形瑞兽。传说中，“虎鹿皆寿千岁”，鹿的寿命可达两千年以上，是长寿的象征。鹿与“禄”为谐音，蕴含财与福，鹿便成了人们心目中的俸禄和福气。鹿又是地位、权力和吉瑞的象征，《宋书·符瑞志》曰：“天鹿者，纯灵之兽也。五色光耀洞明，王者道备则至。”“白鹿，王者明惠及下则至。”该书记述了历朝历代王公贵族、地方官吏为了献媚，竞献白鹿奉迎皇帝的许多事例。上古神话有西王母乘白鹿之说，鹿又成了人成仙后升天的乘骑，是深受民众喜爱的神兽。在中国古民居牛腿造型中，鹿是常见的图案（图 8–35），常与寿星、天官、仙人为伴，以祝长寿、长禄。

图 8–35 气势恢宏，雕琢精美，与梁桁、顶棚的木雕交相辉映的神鹿瑞禽形雀替牛腿　浙江东阳个木园

正因为鹿有种种祥瑞之说，因此，木雕牛腿中经常出现鹿的形象。浙江中鑫建筑艺术博物馆展示的一对瑞鹿献祥木雕牛腿（图 8–36、图 8–37）是清代的产物，高 61 厘米，宽 49 厘米，是一对雌雄鹿，躯体硕壮，头部大而可爱，双双口衔灵芝，俯视下方。雌鹿呵护着两只小鹿，其中一只小鹿吮着母奶；雄鹿的前肢下也呵护着一只小鹿，身旁是一只捧着寿桃的猴子。雌鹿和雄鹿均在松树下面，耐人寻味的是两件牛腿的松叶不一样，雌鹿的松叶为摊开的铜钱松针；雄鹿的松叶为上扬的扇形松针。鹿、猴、寿桃、青松、灵芝，既有长寿、厚禄、吉祥的寓意，又是生活和谐、美满的象征，因此，这对瑞鹿献祥牛腿，是木雕牛腿中的精品。

图 8–36 瑞鹿献祥牛腿之一（清） 浙江中鑫建筑艺术博物馆

图 8–37 瑞鹿献祥牛腿之二（清） 浙江中鑫建筑艺术博物馆

图 8–38 松鹿报春牛腿 博古藏艺

图 8–39 松鹿报春牛腿 博古藏艺

博古藏艺展示的一对木雕松鹿报春牛腿（图 8–38、图 8–39）是清代的产物。这也是一对雌雄鹿，鹿的躯体健壮，腿脚纤长灵动，头部面容安详，口衔灵芝，各自俯视着幼鹿与喜鹊，为画面增添了几许祥和与欢愉。整件牛腿雕刻层叠有致，条理清晰分明。古代匠师构图与刻画的奇巧用心，令人佩服。

图 8–41 灵芝仙鹿牛腿　浙江东阳清华堂

牛腿中的鹿有种种造型：有单鹿，示意禄路畅通；有双鹿，示意路路顺利；有口含灵芝之鹿，示意健康长寿；有与鹤同在之鹿，示意鹿鹤同春；有与寿星为伴之鹿，示意六合同寿；有与蝙蝠同在之鹿，示意福禄双全等。总之，鹿能给宅居者带来吉祥美好的前程，如意快乐的生活（图 8–40 至图 8–48）。

图 8–40 禄路畅通牛腿　浙江东阳清华堂

图 8–42 乐满神州牛腿　浙江诸暨斯宅

图 8–43 鹤鹿同春牛腿 浙江东阳清华堂

图 8–44 神鹿报春牛腿 藏品

图 8–45 六合同寿牛腿之一　博古藏艺

图 8–46 六合同寿牛腿之二　博古藏艺

图 8–47 团圆喜庆又一春牛腿之一　浙江横店明清民居博览城

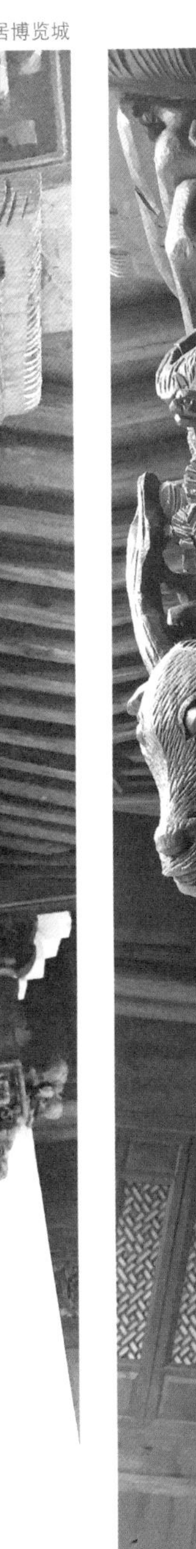

图 8–48 团圆喜庆又一春牛腿之二　浙江横店明清民居博览城

第三节
其他瑞兽类牛腿

在中国古民居的木雕牛腿中，神兽类牛腿除狮子和鹿外，还可以看到其他瑞兽，如麒麟、神龙、神虎、神豹、神牛等。麒麟，是中华民族传统艺术宝库里的祥瑞神兽，受到历代人民广泛而持久的欢迎，麒麟牛腿（图 8–49）和麒麟降福牛腿（图 8–50）便是生动的写照。神龙、神狮、神虎、神豹、神牛、神羊等神兽木雕牛腿形象，大多安置在上档次的民居及当地百姓建造的寺庙和宗祠中，而在一般的古民居中则很少见到（图 8–51 至图 8–60）。

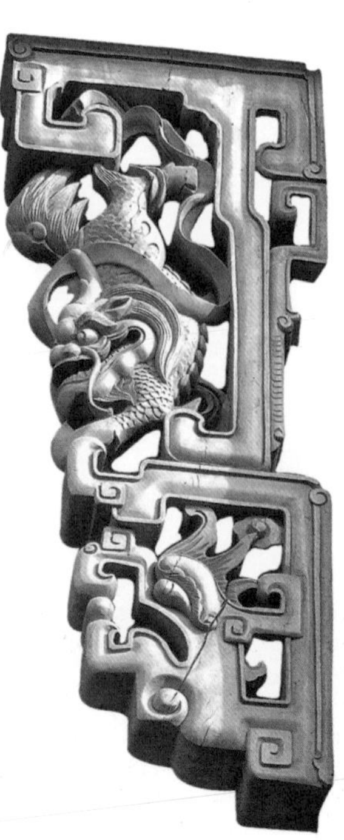
图 8–50 麒麟降福牛腿　藏品

图 8–49 麒麟牛腿　浙江上虞虞舜宗祠

图 8–51 神龙牛腿
浙江嵊州城隍庙

图 8–52 母子神狮牛腿　浙江上虞虞舜宗祠

图 8–53 神兽送喜牛腿　藏品

图 8–54 牛腿形神龙柱饰　四川民居宗祠

图 8–55 母子神虎牛腿　浙江上虞虞舜宗祠

图 8–57 母子神羊牛腿　浙江上虞虞舜宗祠

图 8–56 母子神豹牛腿　浙江上虞虞舜宗祠

图 8-58 太平有象牛腿 浙江浙东宗祠

图 8–59 神牛牛腿及其附属建筑　浙江东阳史家花厅

图 8–60 顾盼有情牛腿

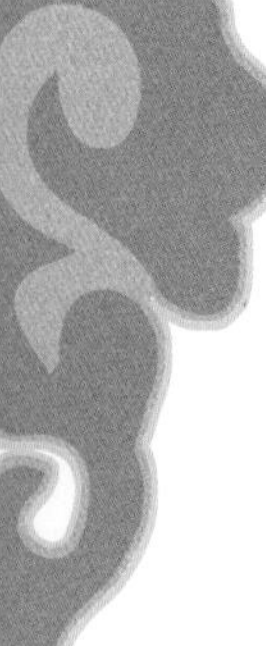

第九章
木雕山水花鸟博古类牛腿

图 9—1 狮子牛腿两旁的山水园林人物雀替牛腿
浙江东阳个木园

第一节
山水类牛腿

山水类题材是木雕牛腿中的常见题材。这类题材的布局，既有层峦叠嶂、气象万千的雄浑，也有小桥流水、春风杨柳的秀丽。在表现手法上，它们有的是作为人物的衬景，有的则作为主体形象出现。其间还经常出现亭台楼阁、墙门庭院、桥梁古塔，雕刻均精致玲珑，显示出古色古香的雅朴之美，给人以无穷的遐思。

浙江东阳个木园中的山水园林人物雀替牛腿，堪称一绝（图 9—1）。它依附在中间的狮子牛腿两旁，呈对称状张开。中间的狮子，双脚抱住绣球，歪着头，含情脉脉地俯视着下方。狮子的两旁是雀替牛腿。两件雀替牛腿的形式与构图一样，均是山水园林中的文人雅士，但内容有别。左边是携子求学，右边是弈棋论智，显得优雅而娴静。再往上是鱼鳃月梁，紧贴立柱，浮雕着缠枝牡丹图案。而沿着狮子牛腿的柱子上方是花卉雀替。雀替往两边分开，对称而平衡，左边是牡丹，右边是梅花。整件牛腿以狮子为中心，其他的山水园林人物花卉，则犹如张开的双翅，往两边延伸，变化丰富又不失均衡，极具欣赏价值。

个木园中的另一件山水园林人物牛腿（图 9–2），则与横梁、垂花柱以及斗拱、雀替巧妙结合，雕刻精美，灿如锦绣，令人叹为观止。

图 9–2 山水园林人物牛腿与斗拱雀替巧妙结合　浙江东阳个木园

图 9–3 高山野趣牛腿　浙江东阳瑞霭堂

在山水类木雕牛腿中，有时也出现梅兰竹菊、松柏石榴、莲荷牡丹等，雕刻有繁有简，显示出生机勃勃的灵秀之美，让人们借物抒怀。这些山水风景，有的受到当时的山水画名家画派的影响，一招一式均按范本布局；有的则按主人的意愿，由木雕艺人根据自己的生活积累和艺术素养直抒胸臆。这一幅幅古风朴朴而又颇具生活气息的山水风光图，展示了人们向往安居乐业的美好愿望，留传至今，成了颇具历史价值的风俗图卷（图 9–3 至图 9–9）。

图 9–4 山林楼阁牛腿　浙江东阳瑞霭堂

图 9–5 山林塔影牛腿 东阳马上桥花厅

图 9-6 人间仙境牛腿　浙江东阳马上桥花厅

图 9-7 人间仙境牛腿（侧面）

图 9–8 山中人家牛腿　浙江东阳瑞霭堂

图 9–9 山水园林牛腿　浙江东阳瑞霭堂

在浙江东阳民居的山野楼阁风光木雕牛腿中（图 9—10），一座亭阁耸立在山坡高处，下面是一辆停靠在芭蕉树旁的马车，山林石级中点缀着人物，使整件牛腿充满着生机。牛腿上面的挑头是一幅打开的画轴，中间是《三国演义》中的经典故事“三顾茅庐”。整个布局丰满而灵动，细节刻画精到而细致，耐人寻味。另一件木雕庭园楼阁牛腿（图 9–11），则是高大精致的楼阁，气宇轩昂的洞门，苍翠茂盛的林木，给人带来一股皇家气息。

图 9–10 山野楼阁风光牛腿　浙江东阳民居

图 9–11 庭园楼阁牛腿　浙江东阳民居

浙江东阳史家花厅素有“江南第一花厅”的美誉，厅内的一对山水园林牛腿（图9–12、图9–13），不论是牛腿本身，还是“挑头”“刊头”“花拱”“坐斗”，都雕琢得灿如锦绣，在豪华中折射出秀美。这对牛腿为清代产物，能雕刻得如此精致，保存得如此完好，实属罕见。

图9–12 豪华的山水园林牛腿之一 浙江东阳史家花厅

图 9–13 豪华的山水园林牛腿之二　浙江东阳史家花厅

浙江中鑫建筑艺术博物馆内的建筑构件展示厅，陈列着众多的木雕牛腿精品。其中一对为园林古建人物牛腿，牛腿上雕刻的景物以山水园林为主，树丛茂盛，围栏曲折，玉树临风，曲径通幽。其间点缀着几位文人雅士，步履悠然，气度从容，似乎正在谈古论今。这对木雕牛腿以中国传统绘画的散点透视为构图特点，不受“近景清楚，远景模糊”的焦点透视束缚，充分展示出画面内容，装饰丰富而有变化，耐人细看（图 9–14 至图 9–16）。

图 9–14 园林古建人物牛腿之一（清） 浙江中鑫建筑艺术博物馆

图 9–15 园林古建人物牛腿之一（局部）

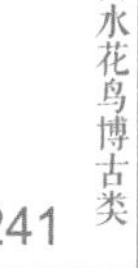

图 9–16 园林古建人物牛腿之二（清） 浙江中鑫建筑艺术博物馆

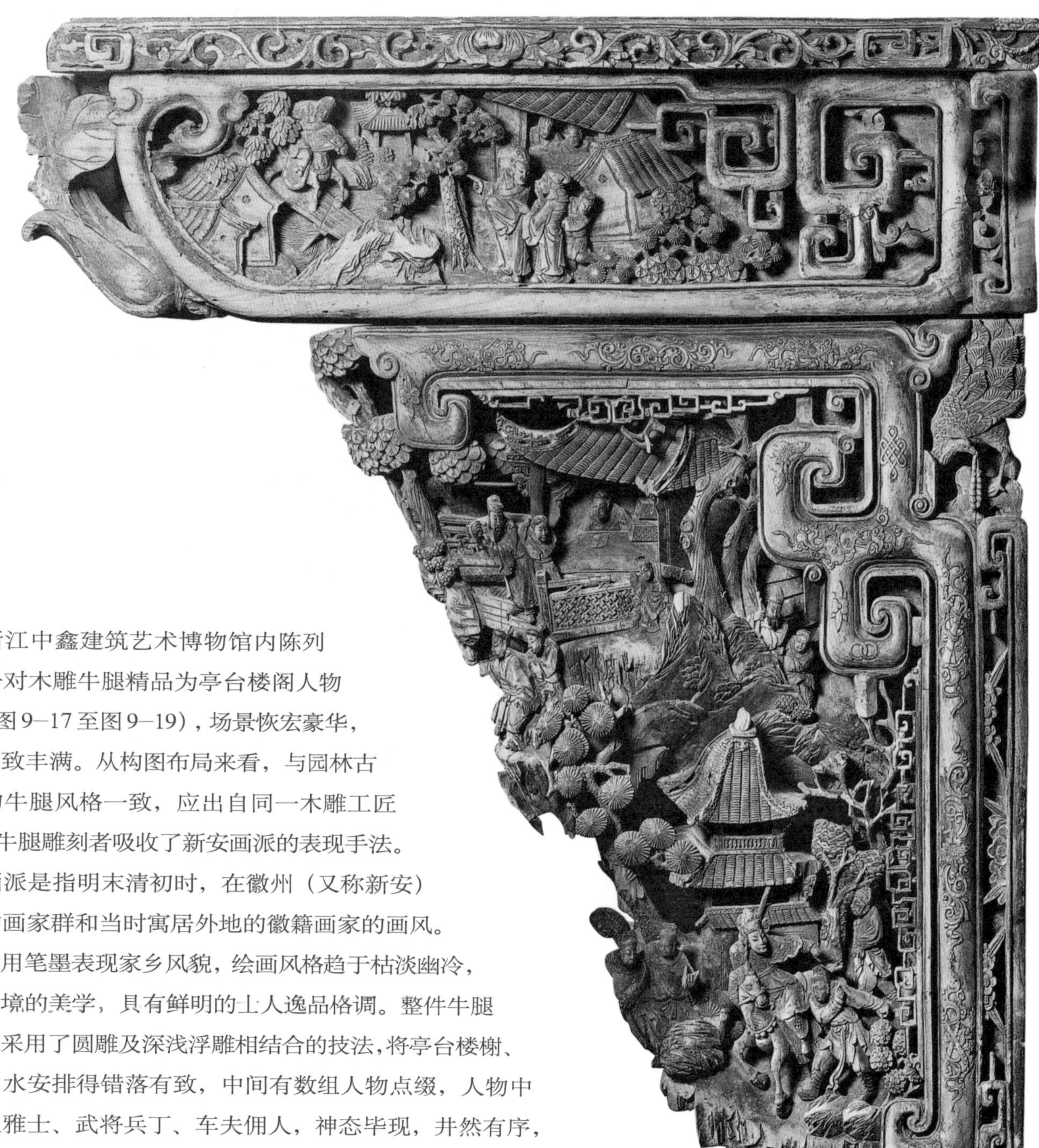

浙江中鑫建筑艺术博物馆内陈列的另一对木雕牛腿精品为亭台楼阁人物牛腿（图9—17至图9—19），场景恢宏豪华，雕琢细致丰满。从构图布局来看，与园林古建人物牛腿风格一致，应出自同一木雕工匠之手。牛腿雕刻者吸收了新安画派的表现手法。新安画派是指明末清初时，在徽州（又称新安）区域的画家群和当时寓居外地的徽籍画家的画风。画家们用笔墨表现家乡风貌，绘画风格趋于枯淡幽冷，讲究意境的美学，具有鲜明的士人逸品格调。整件牛腿的雕琢采用了圆雕及深浅浮雕相结合的技法，将亭台楼榭、树木山水安排得错落有致，中间有数组人物点缀，人物中有文人雅士、武将兵丁、车夫佣人，神态毕现，井然有序，组成了一幅幅画面，可谓画中有景、景中有画。

图9—17 亭台楼阁人物牛腿之一（清） 浙江中鑫建筑艺术博物馆

图 9–18 亭台楼阁人物牛腿之一（局部）

图 9-19 亭台楼阁人物牛腿之二（清） 浙江中鑫建筑艺术博物馆

第二节
花鸟类牛腿

木雕牛腿中的花鸟形象是从花鸟画中脱胎出来的。花鸟画在我国有着广阔的市场，是深受人民群众喜爱的一个画种。花鸟画是以花和禽鸟为主体的画，而禽鸟是动物，比花更为生动活泼。木雕牛腿中的花鸟形象往往用写实的手法，以形传神，注意创意刀工和绘画技艺的结合，既见工又见艺，其精细部分丝毫毕现，花的脉络，鸟的羽翎，均清晰可见，观赏性极强。

在花鸟形象的木雕牛腿中，以仙鹤和凤凰为最多。仙鹤，是我国特有的珍禽，因头部裸出红色肉皮而得名“丹顶鹤”。丹顶鹤体形高大，秀逸优美，无论是动态还是静止，都表现出温文尔雅、潇洒脱俗的高贵气质。丹顶鹤常引颈高歌，展翅起舞，动态翩翩，风趣百出，可与孔雀开屏媲美。鹤的寿命长达60余年。故人们常以“松鹤延年”来象征长寿。我国历代皇家贵族，均将鹤视为吉祥的长寿鸟，从汉代开始，皇家宫苑中便饲养丹顶鹤，并请乐师为其奏乐伴舞。“松鹤双鸡”“仙鹤牡丹”“松下双鹤”“仙鹤祥云”“鹤穿翔云”，便是以仙鹤为题材的木雕牛腿精品（图 9–20 至图 9–23），其仙鹤形态，气韵连贯，生动酣畅。

图 9–20 松鹤双鸡牛腿 钟永生收藏

图 9–21 仙鹤牡丹牛腿　钟永生收藏

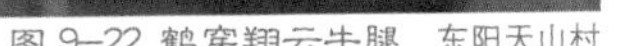

图 9-22 鹤穿翔云牛腿 东阳天山村

图 9-23 仙鹤祥云牛腿 浙江东阳清华堂

图 9–24 孔雀翠翎牛腿　钟永生收藏

孔雀在现存的禽鸟中是最为艳丽夺目的，不仅形态优雅，羽色灿烂，而且是吉祥的象征。钟永生收藏的木雕牛腿“孔雀翠翎”生动地刻画了孔雀的形象，那姿态传神的头部以及长长的尾翎，展示了古代雕刻艺匠的高超技艺（图 9–24）。

图 9—26 鱼塘情趣牛腿之二 钟永生收藏

图 9—25 鱼塘情趣牛腿之一 钟永生收藏

图9—25至图9—30所示的鱼塘情趣牛腿、荷塘风韵牛腿、双天鹅牛腿、白鹭荷花牛腿等，均是木雕花鸟牛腿中的精品。首先是造型生动，不管是白鹭、仙鹤，还是天鹅，都在牛腿的特殊形体上伸展自己的动态，生动自然，富有情趣。其次是刻工精到，在可能的范围内，将禽鸟的头部、羽毛以至脚趾，刻画得细致精雅，灵动传神。

图 9–27 荷塘风韵牛腿　东阳史家花厅

图 9–28 留守家园牛腿　德和堂根艺美术馆藏

图 9–30 双天鹅牛腿之二　浙江嵊州城隍庙

图 9–29 双天鹅牛腿之一　浙江嵊州城隍庙

图 9–31 情深意切牛腿之一 钟永生收藏

凤凰，取众禽之长，集羽族之美，五彩备举，美丽华贵，是我国传说中的“神鸟”，千百年来，受到历代人民普遍而持久的欢迎。然而，世上并没有凤凰的形象，它是历代艺术家和劳动人民创作出来的艺术形象。凤凰综合了各种禽鸟美的大成：锦鸡的头、鸳鸯的身、苍鹰的翅、仙鹤的足、孔雀的羽，整个造型飘逸秀美，婀娜多姿，寓意长寿吉祥与美满幸福。因此，木雕牛腿中的凤凰形象比较常见，在“情深意切”“凤采牡丹”“双凤牡丹”“凤凰翔云”“扬翅待飞”“鸾凤和鸣”“金凤育雏”等木雕牛腿中（图 9–31 至图 9–40），凤凰的造型或秀丽洒脱，或雄健豪放，或健壮圆润，或清秀典雅，或繁复华美，象征着喜庆与安宁，寓意为皎洁与高雅。它以独特的风采和格调，毫无愧色地步入东方艺术之林，与龙一样，给历代人民以巨大的精神力量，成了我国民族文化的标志之一。

图 9–32 情深意切牛腿之二 钟永生收藏

图 9–33 凤采牡丹牛腿之一　钟永生收藏

图 9–34 凤采牡丹牛腿之二 钟永生收藏

图 9-35 双凤牡丹牛腿 浙江东阳

图 9-37 扬翅诗飞牛腿 杭州西湖景区镜湖厅

图 9-36 凤凰翔云牛腿 浙江上虞曹娥庙

图 9–38 鸾凤和鸣牛腿之一 钟永生收藏

图 9–39 鸾凤和鸣牛腿之二 钟永生收藏

图 9-40 金凤育雏牛腿　钟永生收藏

浙江东阳马上桥花厅中的木雕梧桐双凤牛腿，虽然在历史风烟中已遭残损，但其清秀典雅的气质仍展现在人们的面前（图 9–41）。

有的木雕牛腿是以花为主体的，杭州南山景区的花开并蒂牛腿便是一例（图 9–42）。

图 9–42 花开并蒂牛腿 杭州南山景区

图 9–41 梧桐双凤牛腿 浙江东阳马上桥花厅

浙江绍兴舜王庙内有梅、兰、竹、菊四件牛腿，分别由四位官家少年手捧梅、兰、竹、菊四种植物来表示，给整幢庙宇增添了几分吉祥喜庆的色彩（图 9–43 至图 9–46）。

图 9–43 梅牛腿　浙江绍兴舜王庙

图 9–44 兰牛腿　浙江绍兴舜王庙

图 9–45 竹牛腿　浙江绍兴舜王庙

图 9–46 菊牛腿　浙江绍兴舜王庙

第三节
博古类牛腿

“博古”一词来源于北宋。宋朝皇帝徽宗爱好古器皿，他命大臣把保存在宣和殿内的历代器皿编绘成画册，取名《宣和博古图》，计30卷，供自己观赏。列入画册中的古器皿的种类有青铜器、陶瓷、玉器、石器、漆器、珐琅、象牙、犀牛角及其他金属制品，造型广博而奇谲，形式多样而古朴。主要式样有瓶、罐、壶、碗、盘、盒、炉、鼎、卣、盏、觥、豆、钵、斗、盂等，配以如意、宝珠、玉磬、犀角、银锭、珊瑚、方胜、古钱等“八宝”物件，显得古雅而秀美。后人便将这些古器皿作为图案，装饰在建筑、织物及工艺品上，这种古器皿图案便统称为“博古”。

图9-47 守望在古民居中的博古牛腿　浙江嵊州雅璜上枝头舞

博古杂宝有博古通今，崇尚儒雅的意蕴，在封建社会被认为是文人仕官高雅博学的标志之一，也是传统民居牛腿木雕中的常见图案（图 9—47、图 9—48）。艺人们在文人雅士的授意下，常用于书香门第或官宦人家的住宅装饰中。人们又在博古器皿上添加花卉、果品作为点缀，寓意吉祥的含义，在古雅中折射出清新，人们称其为“花博古”。有的博古图案中还得体地添加麒麟、狮子、白鹿、仙鹤、金蟾和蝙蝠等祥禽瑞兽，为画面增添了祥瑞的灵活之气。

图 9—48 守望在古民居中的博古牛腿　浙江嵊州雅璜上枝头舞

图 9–49 博古牛腿（一）
浙江嵊州崇仁玉山公祠

博古中的“瓶”，是木雕牛腿中的常见形象。这有两种原因：一是瓶的造型丰富优美，可高可矮，可圆可方，还可插花，为木雕牛腿增添了一定的美感；二是瓶与“平”谐音，寓意平安。平安是历代人们祈求的最大心愿，人的一生平平安安，幸福吉祥才有保证，故瓶的形象深受百姓的喜爱。在浙江东阳、嵊州及安徽徽州一带的民居中，便有不少以花瓶为题材的博古纹木雕牛腿（图 9–49 至图 9–58）。

图 9–50 博古牛腿（二） 浙江嵊州崇仁玉山公祠

图 9–52 博古牛腿（四） 浙江嵊州华堂古村

图 9–51 博古牛腿（三） 浙江嵊州崇仁玉山公祠

图 9-54 博古牛腿（六） 钟永生收藏

图 9-53 博古牛腿（五） 钟永生收藏

图 9-55 博古牛腿（七） 钟永生收藏

图 9-56 博古牛腿（八） 钟永生收藏

图 9-57 博古牛腿（九）　浙江金华民居

图 9-58 博古牛腿（十）　浙江金华民居

图 9–59 博古纹架上的根雕艺术品（清）
浙江中鑫建筑艺术博物馆

浙江中鑫建筑艺术博物馆展示的木雕牛腿是博古纹的架子，简称博古架，系清代的产物。博古架是一种在室内陈列古玩珍宝的多层木架，类似书架式的木器，中间分隔出不同样式的多层小格，每层形状不规则，前后均敞开，无板壁封挡，便于从各个位置观赏架上放置的器物。博古架内陈设各种古玩、器皿，故又名为“什锦槅子”或“多宝槅子”。浙江中鑫建筑艺术博物馆展示的木雕牛腿（图 9–59 至图 9–62），不仅仅是博古架，在博古架上还刻上各种博古纹，里面放置的是“麻姑献寿”“八仙过海”“福禄长寿”等各种造型的艺术品，仔细一看竟是根雕作品，头部刻画形神兼备，而身躯则向自然形延伸，使雕与不雕之间有机吻合，极具艺术观赏性。

图 9–60 博古纹架上的根雕艺术品（清） 浙江中鑫建筑艺术博物馆

图 9–61 博古纹架上的根雕艺术品（清） （局部之一）

图 9–62 博古纹架上的根雕艺术品（清）（局部之二）

参考文献

1. 徐华铛 . 中国古民居木雕 [M]. 北京：中国林业出版社，2007.
2. 刘敦桢 . 中国古代建筑史 [M]. 北京：中国建筑工业出版社，1981.
3. 徐华铛 . 中国传统题材造型 · 牛腿 [M]. 北京：中国林业出版社，2010.
4. 徐华铛 . 中国传统木雕 [M]. 北京：人民美术出版社，2006.
5. 华德韩 . 东阳木雕 [M]. 杭州：浙江摄影出版社，2005.
6. 俞宏理 . 中国徽州木雕 [M]. 北京：文化艺术出版社，2000.

作者徐华铛在考察沉木雕

后记：一份历史留存的厚重文化瑰宝

我对中国古民居的雕饰情有独钟。十年前，编著出版了大型画册《中国古民居木雕》，书中以一定的篇幅讲述了牛腿的雕艺。书出版后，读者希望我能专门为民居牛腿写一本书，因牛腿是江南古民居中最为突出的一双亮丽眼睛。

我接受了这个意愿，开始关注古民居中的牛腿。面对这一件件牛腿，我陷入了绵长的深思：在我们这个时代，所有人都急着赶路，顾不得回望，历史就这样很容易被人遗忘。牛腿的造型及其上面的雕刻，虽然是古民居上的一个构件，一种装饰，但它记录着那段时期的一种文化，具有厚重的历史沧桑感。

五年前，在中国林业出版社的关心支持下，我编著的《民居牛腿》作为"中国传统题材造型"系列丛书中的一本出版了。这本书容量不大，却得到读者的欢迎。2016年6月，我怀着对中国传统文化的热爱，再次扬起编著《中国木雕牛腿》的风帆，并把该书列入"中国工匠·匠心木竹"丛书中，得到2017年度国家出版基金资助。

为能编著好《中国木雕牛腿》，我在出版社的帮助下，重新构筑这本书的营垒，花费大力气进行编著，历时一年，终于完稿。在编著过程中，我先后得到王水鑫、陈少锋、吴海英、钟永生、徐建武、傅立新、何雪青、赵南兴、倪锦锦、徐国梁及各地古民居旅游点的帮助，特别是受邀观赏浙江中鑫建筑艺术博物馆和博古藏艺馆藏的木雕牛腿，获益匪浅。值此书出版之际，让我以笔代腰，向他们致以深深的谢意。

如果说中国古民居是华夏民族文化的结晶，那么，木雕牛腿就是这种文化结晶的精髓。在这个快餐文化盛行的时代，我们更需要这种带有历史沧桑感的文化。好的东西需要与人分享，让我们坐下来，打开这本木雕牛腿专著，一起来分享这一份历史留存下来的厚重文化瑰宝吧!

谢谢您的开卷阅读。

徐华铛

2017年4月于浙江省嵊州市北直街
东豪新村10幢3单元105室"远尘斋"